Peter Krause

Anthroposophische Grundlagen der biologisch-dynamischen Landwirtschaft

Band II: Der Landwirtschaftliche Kurs (1)

Peter Krause

Anthroposophische Grundlagen der biologisch-dynamischen Landwirtschaft

Band II: Der Landwirtschaftliche Kurs (1)

Diese Publikation ist zugleich Arbeitsmaterial für den Fernkurs
„Anthroposophische Grundlagen der biologisch-dynamischen Landwirtschaft"
www.biodyn-fernkurs.com

Peter Krause
Anthroposophische Grundlagen der biologisch-dynamischen Landwirtschaft,
Band II: Der Landwirtschaftliche Kurs (1)

Herausgegeben von der Arbeitsgemeinschaft für Biologisch-Dynamische
Wirtschaftsweise
Nordrhein-Westfalen e.V. (Demeter NRW)

ISBN 978-3-95779-182-5

Erste Auflage 2023

Lektorat: Cornelia Keusemann, Herdecke
Fachliche Beratung: Marcel Waldhausen, Hattingen
Korrektorat: Ramon Brüll, Frankfurt am Main
Umschlag: Frank Schubert, Frankfurt am Main
(Bild: Shutterstock)
Satz: Ulrich Schmid, de·te·pe, Aalen
Druck: Aalexx Druck Produktion, Großburgwedel

Hinweise zur Benutzung

Über den Text verteilt finden Sie Übungsaufgaben, mit denen Sie den eigenen Lernfortschritt überprüfen können. Die Lösungen zu diesen Aufgaben finden Sie im Anhang vom Buch.

Ein Stichwortverzeichnis zu allen drei Bänden unserer Reihe finden Sie im Anhang vom dritten Band.

Wir verweisen immer wieder auf weiterführende oder erläuternde Texte, und zwar so:

- [1] Hochgestellte Ziffern verweisen auf den Nachweis der Zitate im vorliegenden Buch
- (→ 1.1) Verweis auf ein anderes Unterkapitel im vorliegenden Buch
- (→ Band 1: 1.1) Verweis auf ein Unterkapitel in einem anderen Band unserer Reihe
- (1,1) Verweis auf einen Absatz im *Landwirtschaftlichen Kurs*, hier: 1. Vortrag, 1. Absatz
- (F1,1) Verweis auf einen Absatz im *Landwirtschaftlichen Kurs*, hier: 1. Fragenbeantwortung, 1. Absatz
- (B1) Verweis auf einen Absatz im *Landwirtschaftlichen Kurs*, hier: Bericht von Rudolf Steiner am 20.06.1924, 1. Absatz

Die Zitate aus dem *Landwirtschaftlichen Kurs* stammen aus der gebundenen Ausgabe des Rudolf Steiner Verlages, Basel 2022. Wir geben Vortrag/Fragenbeantwortung/Bericht und die Nummer eines Absatzes an, wobei wir bei den Fragenbeantwortungen für die Zählung nur die Wortlaute Rudolf Steiners berücksichtigen.

Inhalt

TEIL 2
Auftakt zum Landwirtschaftlichen Kurs

TEIL 3
Landwirtschaftlicher Kurs (I)

ANHANG

Vorab

Als in Koberwitz unweit von Breslau der *Landwirtschaftliche Kurs* von Rudolf Steiner abgehalten wurde, war das ein Wendeereignis, dessen Bedeutung bis heute über die anthroposophische Bewegung hinaus ins allgemeine Leben ausstrahlt. Angesichts der Folgen einer zunehmend industrialisierten Landwirtschaft beschäftigten sich auch damals schon viele Menschen mit der Frage nach Formen eines würdigen und respektvollen Umgangs mit Fauna und Flora. In der anthroposophischen Bewegung, die in gewisser Weise ein Ausdruck der Bewusstseinsveränderungen zu Beginn des 20. Jahrhunderts ist, war das ebenfalls so. Hinzu kam, dass in den Jahren vorher aus anthroposophischer Gesinnung schon für einige Lebensbereiche Methoden entwickelt und Institutionen geschaffen worden waren. Das sollte nun auch für die Landwirtschaft möglich sein.

Rudolf Steiner hatte sich ab 1920 diesbezüglicher Fragen angenommen. Nachdem der Austausch mit verschiedenen Einzelpersonen immer wieder stattgefunden hatte, war es im Juni 1924 dann soweit, dass ein eigener Lehrkurs veranstaltet werden konnte. Überschaut man die an nur zehn Tagen gegebenen Ausführungen, fällt auf, wie konzentriert der exemplarische Ausblick auf die Methoden der später so genannten biologisch-dynamischen Landwirtschaft war, und es ist nicht zu übersehen, dass es nicht um Opposition oder Alternative ging, sondern um Ergänzung traditionell überlieferter Formen. An solche wurde sogar immer wieder angeknüpft, mit dem Hinweis, dass frühere Fähigkeiten mit modernem Wissen verbunden werden können und sollen. Das lieferte die Basis, auf der auch gänzlich neue Leitlinien und Methoden vorgestellt wurden.

Das Auditorium war durch den Gastgeber Carl Graf von Keyserlingk persönlich zusammengestellt worden. Ein Gutteil der etwa 130 Teilnehmer:innen waren vom Fach, aber alle verfügten über Grundkenntnisse der Anthroposophie. Was in den Jahren vorher mit einzelnen Personen oder in informellen Gruppen erarbeitet worden war, wurde nun einem breiteren Publikum vorgestellt und weiter entwickelt.

Die Inhalte des Kurses eröffnen ein weites Forschungsfeld, das bis heute noch nicht in Gänze erschlossen ist. Davon abgesehen lässt sich eine Übersicht erarbeiten, die vor allem motivisch den großen Bogen der Darstellungen erschließt. Um eine solche Übersicht geht es uns in diesem und dem folgenden dritten Band. Dabei bleibt allerdings manches unberücksichtigt, was sich erst durch das genaue Studium der Vortragsnachschriften erschließt.

Im *Landwirtschaftlichen Kurs* wird gesagt, dass eine prinzipielle Besonderheit der Methode darin besteht, dass ihre Darstellung vom Menschen aus erfolgt, der damit in seiner besonderen Rolle und Verantwortung für seine Mitwelt vollumfänglich ernst genommen wird. Wir beginnen diesen zweiten Band unserer Reihe darum mit Ausführungen zum Menschenbild im *Landwirtschaftlichen Kurs*, das zu den besonderen Grundlagen der biologisch-dynamischen Bewegung gehört. Sie unterscheidet sich in ihren Grundlagen (auch) dadurch signifikant von anderen Anbaumethoden.

Es fällt auf, dass die zum Kurs in Koberwitz führenden Entwicklungen aus drei unterschiedlichen Richtungen angeregt wurden. Wir bezeichnen sie als die „Quellgründe" der biologisch-dynamischen Landwirtschaft. Sie waren und sind noch heute die unterschiedlichen Facetten der biologisch-dynamischen Bewegung. Für unsere motivische Betrachtung der ersten Kursvorträge ergab sich im Hinblick darauf das Konzept.

Alle drei Bände sind als Lernbücher gestaltet. Die Kapitel sind so gehalten, dass sie jeweils mit nicht zu großem Zeitaufwand gelesen werden können. Übungsaufgaben (die Lösungen dazu finden sich im

Anhang eines jeden Bandes) ermöglichen das Selbstlernen. Bei weitergehendem Interesse können Sie sich für einen unserer Fernkurse anmelden. (Infos dazu im Internet unter: demeter-nrw.de)

TEIL 1

Weiteres zur Anthroposophie: Die Erde in des Menschen Hand

1.1 Der Mensch

Angesichts der großen ökologischen Probleme, die durch unsere Lebensart besonders in den letzten zwei Jahrhunderten hervorgerufen wurden, könnte man an der Rolle des Menschen im Naturzusammenhang verständlicherweise ernsthafte Zweifel hegen. Sein Erscheinen auf Erden ließe sich dann als Zufall im Verlauf der Evolution, als verzichtbare Laune der Natur deuten. Ist demgegenüber auszumachen, dass dem Menschen und seinen potenziellen Möglichkeiten vielmehr eine besondere, letztlich unverzichtbare Bedeutung zukommt, und wenn ja, was für ein Menschenbild ergäbe sich daraus? Mit dieser Frage wollen wir uns zunächst befassen, indem wir darauf schauen, wie der Mensch und seine Rolle im Ganzen der Natur im Landwirtschaftlichen Kurs *beschrieben wurden.*

Das Menschenbild im Landwirtschaftlichen Kurs

Den am Kurs Teilnehmenden war grundsätzlich bekannt, dass der Mensch dem anthroposophischen Menschenbild (→ Band 1: 2.3) entsprechend über bestimmte Begabungen verfügt, die über diejenigen aller anderen Lebewesen hinausreichen. Dadurch ist er für charakteristische Aufgaben und Verantwortungen prädestiniert. Im anthroposophischen Weltbild wird der Mensch ausdrücklich wertgeschätzt, und es wird betont, dass und wie er durch seine leibliche, seelische und geistige Konstitution unter den Lebewesen der Erde hervortritt. Er kann eigentlich alles, und das ist viel mehr als es jeder anderen Spezies möglich ist. Damit obliegt ihm aber auch die besondere Verantwortung, von diesen seinen Möglichkeiten nur in vollem Respekt für seine

Mitwelt und niemals zu deren Schaden Gebrauch zu machen. Das entspricht einer grundsätzlich tiefenökologischen Ethik[1] die zum anthroposophischen Welt- und Menschenbild unbedingt immer dazu gehört.

In der biologisch-dynamischen Landwirtschaft ist der Mensch nicht bloß der nach den Regeln der vorherrschenden Ökonomie Arbeitende. Er ist mehr. Ohne den Menschen und sein in allem präsentes Bewusstsein ist diese Form der Landwirtschaft nicht denkbar. Auch hier treffen wir wieder auf ein konsequent tiefenökologisches Verständnis, das die Rolle des Menschen nicht in einem Kompromiss findet, sondern sie für ebenso unverzichtbar hält wie die aller anderen Lebewesen der Hofgemeinschaft auch. Insofern ist es interessant, die besonderen Betonungen und Ergänzungen des anthroposophischen Menschenbildes etwas genauer zu betrachten, die im *Landwirtschaftlichen Kurs* vorgenommen wurden, denn auch das Menschenbild ist in der biologisch-dynamischen Landwirtschaft eine wichtige Grundlage.

Was sich allgemein in der Anthroposophie zur Konstitution und zum Wesen des Menschen beschrieben findet, wurde in den Vorträgen des Kurses wie gesagt als bekannt vorausgesetzt und darum immer nur kurz erwähnt, dann aber um interessante Aspekte erweitert. Schauen wir uns das anhand von fünf ausgewählten Beispielen einmal an:

- *Der menschliche Leib ist dreigliedrig (physischer Leib, Ätherleib und Astralleib).* (7,27)

Dass es überhaupt in den Weiten des Kosmos Leben gibt, macht unsere Erde und jedes auf ihr existierende Lebewesen prinzipiell zu einem Wunder. In der Anthroposophie wird das durch die Vorstellung eines dreigliedrigen Leibes etwas zugänglicher. Die physische Erscheinung findet sich demnach durch die ätherischen Kräfte belebt und durch das Astralische beseelt. Im *Landwirtschaftlichen Kurs* präzisierte Rudolf Steiner diese Vorstellung hinsichtlich der ätherischen Kräfte und sprach von einem „kohlenstoffartigen Gerüst", über das alles Lebendige verfügt, und das von einem im Sauerstoff auftretenden Ätherischen durchzogen ist, das der „eigentliche Träger des Lebens ist“. Eine jede physische Leibesform ist darum, und nur darum, lebendig. Aber auch das Ätherische kann ohne diese leibliche Grundlage nicht existieren: „Es würde sozusagen wie ein Nichts überall hindurchschlüpfen, würde nicht angreifen können dasjenige, was es anzugreifen hat in der physisch-irdischen Welt, wenn es nicht einen physischen Träger hätte.“ (3,14) Dieser Träger ist besagtes Kohlenstoffgerüst, „in dem das Höchste auf Erden uns zugängliche Geistige seine Wirksamkeit zeigt, das menschliche Ich, oder das in den Pflanzen wirkende Weltengeistige.“ (3,17)

Das Leben ist aber niemals einfach nur „da“, vielmehr ereignet es sich in einer dauernden, fließenden Bewegung. Ein Ausdruck davon ist die Atmung, die den „lebendigen Sauerstoff, der den Äther trägt“ in den Leib bringt. Dort wird er durch den Stickstoff zum Gerüst aus Kohlenstoff getragen. „Der Stickstoff leitet das Leben hinein in die Gestaltung, die im Kohlenstoff verkörpert ist.“ Dieser Prozess ereignet sich nicht nur im Menschen, sondern überall in der Natur. (3,17) Diese, aus einer Betrachtung des Menschen abgeleitete Sicht auf biologisch-chemische Prozesse leitet schließlich über zu Darstellungen der entsprechenden Vorgänge in der Welt der Pflanzen und Tiere. Rudolf Steiner machte dadurch methodisch sichtbar, was er im 4. Vortrag (12. Juni) besonders betonte, dass nämlich die Erläuterungen zur biologisch-dynamischen Landwirtschaft immer vom Menschen ausgehend angestellt werden: „Das ist dasjenige, was diese Form von Betrachtung unterscheidet von denjenigen, die heute üblich sind.“ (4,37)

- *Das Ich des Menschen pulsiert und äußert sich im Blut.* (3,10)

Zu Beginn des 20. Jahrhundert hatte man gerade die Blutgruppen entdeckt und damit begonnen, die Tatsache der Immunreaktion zu erforschen.[2] In der Biologie und der Humanmedizin begann man Kenntnisse darüber zu entwickeln, dass im Grunde genommen jeder Mensch schon physiologisch eine unverwechselbare Individualität ist. Und das dem so ist, wird schon anhand des Blutes und der mit ihm verbundenen Prozesse deutlich.

Rudolf Steiner, der die Entwicklungen der Naturwissenschaften sehr genau verfolgte, erläuterte in Koberwitz, dass „dieses Geistige des Menschen im Blute sich bewegt, das wir Ich nennen, und so wie das menschliche Ich als der eigentliche Geist des Menschen im Kohlenstoff lebt, so lebt wiederum gewissermaßen das Welten-Ich im Weltengeist auf dem Umwege durch den Schwefel in dem sich gestaltenden und immer wieder auflösenden Kohlenstoff." (3,10) Schließlich wird die Betrachtung noch erweitert, indem das Knochengerüst und der Kalk einbezogen werden, und zwar wieder so, dass von der menschlichen Physiologie ausgehend die speziell landwirtschaftlichen Themen behandelt werden: „Damit dasjenige, was im Kohlenstoff lebt, bewegt sein kann, schafft der Mensch in seinem kalkigen Knochengerüste ein unterliegendes Festes, das Tier auch, wenigstens das höhere Tier. Damit hebt sich der Mensch heraus in seiner beweglichen Kohlenstoffbildung aus der bloß mineralischen, festen Kalkbildung, die die Erde hat, und die er auch sich eingliedert, um feste Erde in sich zu haben. Im Kalk in der Knochenbildung hat er die feste Erde in sich." (3,11) Diese Art der Darstellung mag zunächst befremden, öffnet aber bei entsprechender Unvoreingenommenheit ein weites Feld der Forschung.

- *Das Gehirn ist das Organ des Ich.* (8,13)

Ebenfalls zu Beginn des 20. Jahrhunderts war man sich in der Humanmedizin hinlänglich darüber klar geworden, dass für den Menschen eine biologische und eine personale Existenz zu unterscheiden sind.[3] Wichtig für diese Erkenntnis war das Wissen von der Reanimierbarkeit des Herzens, und ebenso das von den Folgen des irreversiblen Ausfalls der Hirnfunktionen und vom intermediären Leben, das Herz- und Hirntod überdauert. Diese Erkenntnisse stimmen mit dem durch Rudolf Steiner vertretenen Menschenbild überein, insofern die „Bewusstseinstatsachen" Ausdruck des lebendigen menschlichen Wesens sind [4] und darum beispielsweise der menschliche Tod auch „nicht das Ende des physischen Leibes ist, sondern das Ende des Bewusstseins".[5]

Im *Landwirtschaftlichen Kurs* sagte Rudolf Steiner unmissverständlich: „Wozu dient dieses Gehirn? Es dient als Unterlage für das Ich. Das Tier hat noch nicht das Ich. Halten wir das ganz richtig fest: Das Gehirn dient als Unterlage für das Ich, das Tier hat noch nicht das Ich, sein Gehirn ist erst auf dem Wege zur Ich-Bildung. Beim Menschen geht das immer weiter zu der Ich-Bildung hin." (8,13)

- *Früher hatte der Mensch ein instinktives Verhältnis zu den Lebenserscheinungen in der Natur.* (1,12)

Die instinktiven Fähigkeiten der Menschen früherer Zeiten werden in der Anthroposophie immer wieder thematisiert. So hob Rudolf Steiner in einer seiner grundlegenden Schriften hervor, dass es die in die Jetztzeit reichende Kulturentwicklung ist, die – bei allem Respekt für die dem Leben dienlichen Resultate – zum Verlust der „höheren Erkenntnis", des „spirituellen Lebens" geführt hat.[6] Das in den einstmaligen, nun verlorenen Fähigkeiten begründete alte Wissen von den Vorgängen in Welt und Leben wird auch im *Landwirtschaftlichen Kurs* als eine Art natürlich gegebener Hellsichtigkeit verstanden, die im Laufe der Zeit verglommen ist, weil eine andere, intellektuelle Erkenntnisart vorherrschend wurde. Demgegenüber kommt es darauf an, sich ohne Verlust der mittlerweile erarbeiteten Geistes- und Verstandesklarheit solche Fähigkeiten wieder zu erarbeiten, die das intellektuelle Verstehen der Naturtatsachen mit Einsichten in geistige Zusammenhänge ergänzen. Für die biologisch-dynamische Landwirtschaft ist das von zentraler Bedeutung:

„Der Intellekt hat eben alle Instinkte verloren, der Intellekt hat eben alle Instinkte ausgerottet. Die Schuld des Materialismus ist es, dass die Menschen so gescheit, so intellektuell geworden sind. In der Zeit, in der sie weniger intellektuell waren, waren sie nicht so gescheit, aber viel weiser, und sie wussten aus dem Gefühl heraus die Dinge so zu behandeln, wie wir sie wieder bewusst behandeln müssen, wenn wir nun durch etwas, was auch wieder nicht gescheit ist – Anthroposophie ist nicht gescheit, sie strebt mehr nach Weisheit –, wenn wir so auf diese Weise vermögen, uns der Weisheit für alle Dinge zu nähern, nicht bloß in dem abstrakten Geleier von Worten «Der Mensch besteht aus physischem Leib, Ätherleib und so weiter», das man auswendig lernen und ableiern kann wie ein Kochbuch. Aber darum handelt es sich nicht, sondern es handelt sich darum, dass man die Erkenntnis dieser Dinge wirklich überall einführt, dass man sie überall drinnen sieht, und dann wird man angeleitet - namentlich wenn man in der Weise, wie ich es Ihnen auseinandergesetzt habe, wirklich hellsichtig wird -, nun wirklich zu unterscheiden in der Natur, wie die Dinge sind." (7,27)

- *Der Mensch hat sich im Laufe der Zeit von der Natur emanzipiert.* (1,18)

  Es charakterisiert die menschliche Kulturentwicklung, dass sie in einer immer stärkeren Emanzipation von der Natur begründet ist. Die Mitwelt wurde im Laufe der Jahrtausende mehr und mehr zu einem bloßen Gegenüber. (→ Band 1: 1.1 bis 1.4) Dieses unterscheidet den Menschen deutlich von Pflanze und Tier, für die das in diesem Ausmaß noch nicht der Fall ist. Um das Wesen und Leben der Pflanzen verstehen zu können, wird man für deren Verständnis darum auch vielmehr die kosmischen Rhythmen und Kräfte zu berücksichtigen haben.

  „Diese Emanzipation ist für das menschliche Leben fast vollständig im Kosmos durchgeführt. Für das Tierische schon etwas weniger, aber das Pflanzliche ist zu einem hohen Grade noch durchaus drinnenstehend im allgemeinen Naturleben auch des äußeren Irdischen. Und daher wird es ein Verständnis des Pflanzenlebens gar nicht geben können, ohne dass bei diesem Verständnis berücksichtigt wird, wie alles das, was auf der Erde ist, eigentlich nur ein Abglanz dessen ist, was im Kosmos vor sich geht. Beim Menschen kaschiert sich das nur, weil er sich emanzipiert hat. Er trägt nur den inneren Rhythmus in sich. Beim Pflanzlichen ist es noch im eminentesten Sinne der Fall." (1,19)

Der Mensch und seine Ernährung

Aus anthroposophischer Sicht geht es bei der Ernährung niemals nur um die Aufnahme von Substanzen, die, Bausteinen gleich, im Körper verbaut werden. Es geht zugleich immer auch um ätherische Kräfte, die aus der Verbindung der Nahrungsmittel mit dem Kosmos stammen, und die mit der Nahrung aufgenommen und im Organismus verwendet werden. Diese lebendigen, ätherischen Kräfte bezeichnete Rudolf Steiner als die eigentliche Grundlage für alle menschlichen Organe, mit Ausnahme des Gehirns (das überwiegend aus rein irdischer Substanz besteht). (B51) Dem gemäß könnte man sich durchaus vorstellen, dass über den Vorgang der Nahrungsaufnahme in gewisser Weise der ganze Kosmos in den Menschen hineinreicht. Land- und Gartenwirtschaft bekommen dadurch eine ganz besondere Bedeutung.

„Aber wenn Pflanzen im eminentesten Sinne Nahrungsmittel werden, wenn sie sich so entwickeln, dass sich in ihnen die Substanzen zum Nahrungsmittel ausgestalten für Tier und Mensch, dann sind daran beteiligt Mars, Jupiter, Saturn auf dem Umwege des Kieseligen. Das Kieselige schließt auf das Pflanzenwesen in die Weltenweiten hinaus und erweckt die Sinne des Pflanzenwesens so, dass aufgenommen wird aus allem Umkreise des Weltenalls dasjenige, was diese erdenfernen Planeten ausgestalten.“ (1,26)

Diese Vorstellung der mit den Nahrungsmitteln verbundenen kosmischen Kräfte wurde durch Rudolf Steiner mit Hinweis auf die allgemein abnehmende Qualität der Lebensmittel entwickelt. Ein solches „Minderwertigwerden der Produkte“ könne man auf die mangelnden geistigen Fähigkeiten der mit deren Erzeugung befassten Menschen zurückführen. Es sei darum wichtig, sich jene Kenntnisse zu erwerben, über die in früheren Zeiten noch verfügt wurde, nämlich „Kenntnisse, die wirklich hineingehen in das Gefüge der Natur.“ (2,33)

Die Prozesse, in denen in der Natur Stoffe zirkulieren, finden sich auch im Menschen. Die Außenwelt hat ihre Entsprechungen in der

Innenwelt. Das eine kann durch das andere verstanden werden, die Anschauung der Natur belehrt über den Menschen, und auch umgekehrt belehrt die Anschauung des Menschen über die Natur. „Diesen Blick müssen wir entfalten, wenn wir hinschauen über eine Erdfläche, die mit Pflanzen bedeckt ist und die unter sich Kalk und Kiesel hat." (3,39) Sogar die konkreten landwirtschaftlichen Maßnahmen werden analog zu Prozessen im menschlichen Organismus beschrieben. Das Eine wird unmittelbar auf das Andere bezogen. „Namentlich müssen wir diesen Prozess, den wir da der Erde mitteilen, deshalb in uns haben, damit wir in der entsprechenden Weise die Nahrungsmittel zu der Regsamkeit anleiten, von der ich Ihnen gesprochen habe, dass sie da sein muss. Zu dieser Regsamkeit regen wir aber auch den Boden an, wenn wir ihn in der beschriebenen Weise behandeln." (4,21) Eben genau darum, so heißt es, werden die Nahrungsmittel zur gewünschten Regsamkeit angeregt, die für deren Qualität entscheidend ist. Ansonsten hätte man es bald mit Lebensmitteln zu tun, die allenfalls sättigend, aber nicht wirklich nährend sind. „Das Wichtigste ist, wenn die Dinge an den Menschen herankommen, dass sie seinem Dasein am allergedeihlichsten sind. Sie können ja irgendwelche Frucht ziehen, die glänzend aussieht, auf dem Felde oder im Obstgarten, aber sie ist vielleicht für den Menschen nur magenfüllend, nicht eigentlich sein inneres Dasein organisch befördernd. Aber bis zu diesem Punkte, dass der Mensch die beste Art von Nahrung für seinen Organismus erhält, kann es ja diese Wissenschaft heute nicht bringen, weil sie dazu gar nicht den Weg findet. Aber Sie sehen, in dem, was so gesprochen wird aus der Geisteswissenschaft heraus, liegt ja zugrunde der ganze Haushalt der Natur. Es wird aus dem Ganzen heraus gedacht; daher ist das Einzelne, was man sagen muss, maßgebend für das Ganze." (4,36)

Mit kritischem Blick auf die heutzutage so genannte konventionelle Landwirtschaft wurde ausgeführt, wie scheinbar deutliche, äußere Wirkungen die Qualität der landwirtschaftlichen Produkte schwächen, insofern die „wirkliche Nährkraft" immer mehr verloren geht. (5,34) Diese Entwicklung, die sich zu Beginn des 20. Jahrhunderts abzeichnete, kann heutzutage nicht mehr übersehen werden. Aber auch die Wirkungen der erneuerten, biologisch-dynamischen Landwirtschaft für die Qualität der mit ihren Methoden erzeugten Nahrungsmittel werden von immer mehr Menschen geschätzt.

Die im *Landwirtschaftlichen Kurs* gegebenen Darstellungen münden schließlich in konkreten diätetischen Hinweisen, so beispielsweise zur Wirkung von Rohkost (8,34), der Ernährung bei Rheuma und Gicht (8,35) oder zum Einfluss von Tomaten bei Tumorerkrankungen (8,40).

Der Mensch im Hoforganismus

Die Erzeugung gesunder Nahrungsmittel ist immer mit der Pflege – und heutzutage wohl auch mit der Heilung – der Erde verbunden. Zugespitzt könnte man sagen, dass es in der biologisch-dynamischen Landwirtschaft in erster Linie um den angemessenen Umgang des Menschen mit der Erde geht, die gesunden Nahrungsmittel ergeben sich daraus. Sie sind logische Folge der landwirtschaftlichen Betätigung, die in vollem Respekt für die Mitwelt betrieben wird. Die gesunde Mitwelt überträgt sich auf die Lebensmittel, die aus ihr entnommen werden. Dabei ist die Aufgabe des Menschen, die in der Natur bereits vorhandenen Lebenskräfte als solche zu erkennen, sie zu pflegen und zu fördern. „Wir müssen die Pflanze der Erde annähern in ihrem Wachstum. Das aber kann nur dadurch geschehen, dass wir wirklich das schon auf der Erde vorhandene Leben, das also noch nicht in das völlige Chaos hineingekommen ist, das nicht bis zur Samenbildung vorgedrungen ist, sondern in der Organisation der Pflanze vorher aufgehört hatte, bevor es zur Samenbildung gekommen ist, dass wir das auf der Erde befindliche Leben doch in das Pflanzenleben hineinbringen.“ (2,22) Es wird so gesehen der Natur nichts hinzugefügt, sondern stets mit dem gearbeitet, was ganz konkret an einem bestimmten Ort bereits vorhanden ist. Von diesem Punkt aus bildet sich ein Kreis, der – im Sinne der biologisch-dynamischen Auffassung – schließlich bis in den ganzen Kosmos reicht, aus dem heraus sich im Werden und Vergehen die lebendigen Prozesse der Entwicklung ereignen.

Aber auch der Respekt vor den Leistungen vorangegangener Generationen gehört dazu, insofern die meisten Nahrungspflanzen von Menschen geschaffene Kulturgüter sind. Dieses Erbe stammt aus einer „instinktiven Urweisheit in der Menschheit" (2,32), aus der heraus der Mensch sich so innig mit der Natur verbunden erlebte, wie es für die Erde und den Kosmos ebenso der Fall ist. „Wir können gar nicht sagen, dass wir uns als Menschen absondern können, sondern wir sind verbunden mit unserer Umgebung, wir gehören schließlich dazu." (3,28)

Es kommt also darauf an, die Welt mit anderen Augen sehen zu lernen. Jede Pflanzenart erscheint dann als verbunden mit dem Gesamtorganismus der Pflanzenwelt (→ Band 1: 2.2) – gleiches gilt für die Tiere und die Menschen –, was bezogen auf den Menschen ebenso dem Verhältnis der einzelnen, verschiedenen Organe zum Gesamtorganismus entspricht. Jedes Teil wird aus dem Ganzen heraus verstanden. (3,41)

Dabei ist bemerkenswert, welche Bedeutung dem persönlichen Verhältnis zur ganzen Natur und zum landwirtschaftlichen Betrieb zukommt. (→ 2.4) Die bloße Orientierung an ökonomischen Vorgaben genügt in der biologisch-dynamischen Landwirtschaft nicht, weil der Mensch den Dingen etwas mitgibt, wenn er sie selbst bearbeitet. Die Wirksamkeit der Präparate beruht unter anderem darauf. (F1,2) Um diesen Effekt zu verdeutlichen, verwies Rudolf Steiner auf ein hinlänglich bekanntes Beispiel: „Ich erinnere Sie daran, dass es Menschen gibt, bei denen Blumen, die sie an ihren Fenstern züchten, wunderbar gedeihen. Bei anderen Menschen gedeihen sie gar nicht, sondern verdorren. Solche Dinge sind nun einmal schon da. Alles dasjenige aber, was da auf eine äußerlich nicht erklärliche, innerlich aber sehr durchschaubare Weise geschieht durch den Einfluss des Menschen selber, das geschieht schon auch dadurch, dass der Mensch, sagen wir, Meditationen verrichtet und sich durch das meditative Leben vorbereitet – ich habe es gestern charakterisiert." (F1,29)

Aber auch das Gegenteil kann durch die Menschen bewirkt werden, wenn sie die lebendigen Kräfte ignorieren und stattdessen „planlos fortdüngen" und die Erde so daran hindern, aufzunehmen, was ihr aus dem Weltenumkreis für das Pflanzenwachstum zukommt. (5,13) Stattdessen kommt es darauf an, den gesamten ökologischen Zusammenhang an einem Ort in den Blick zu nehmen. Das Bewusstsein für die Umgebung eines landwirtschaftlichen Betriebes ist so gesehen von essenzieller Bedeutung. Auch der Baum- und Waldbestand beispielsweise wirken im Gesamtorganismus auf eigene, unverzichtbare Art. (7,24 und 25) Daraus ergeben sich die Leitlinien für die konkrete biologisch-dynamische Arbeit.

Das Kapitel kurz und knapp:

- Dem Landwirtschaftlichen Kurs liegt ein tiefenökologisches Menschenbild zugrunde, aus dem sich die Methoden der biologisch-dynamischen Landwirtschaft ergeben.
- Bei der Ernährung geht es niemals nur um die Aufnahme von Substanzen, sondern zugleich immer auch um ätherische Kräfte, die mit der Nahrung aufgenommen und im Organismus verwendet werden.
- Nicht nur die Nahrungsmittel werden durch die biologisch-dynamischen Landwirtschaft ätherisch angeregt, sondern auch der Boden in dem sie wachsen. Gesunde Nahrungsmittel sind die logische Folge der landwirtschaftlichen Betätigung, die in vollem Respekt für die Mitwelt betrieben wird.
- Jedes Teil wird aus dem Ganzen heraus verstanden.

1.2 Die Sinne

Dass wir leben und in einer vielfältigen Welt existieren, ist uns, solange wir wach und bewusst sind, ohne jeden Zweifel klar. Mit jeder Regung unseres Lebens, mit allem Tun und Lassen, sind wir mit allem verbunden, was sonst noch in dieser Erdenwelt existiert. Das wissen wir. Aber die Wahrnehmungstiefe variiert, je nachdem wie aufmerksam wir uns unserer Sinne bedienen. Es gibt offensichtlich auch diesbezüglich die unterschiedlichsten Begabungen. Ebenso gibt es die Möglichkeit, die Sinne zu trainieren, um so die Wahrnehmungsfähigkeiten zu verfeinern und zu steigern. Dann stellt sich bald die Frage, was wir über unsere Mitwelt durch die eigenen Sinne erfahren können, wo doch so viele Instrumente und technische Apparate zur Verfügung stehen, die einen (vermeintlich) präziseren Einblick in die tiefsten Hintergründe der Welt gewähren? Wie also steht es mit dem Vertrauen in die eigenen Wahrnehmungen, und was wird dadurch unter Umständen besonders ermöglicht?

Mit der Welt verbunden

Zu jedem Menschen gehört eine ganz persönliche Lebenswelt. Das ist das eigene Zuhause, die vertraute Umgebung. Das nahe Umfeld entspricht einem natürlichen Aktionsradius, der sich im Lokalen, bestenfalls Regionalen erschöpft. In diesem Bereich kennt man sich gut aus. Soweit, könnte man sagen, reicht räumlich ein Menschenleben. Andererseits ist dieses begrenzte Leben heutzutage nur möglich, weil es mit globalisierten Lieferketten verbunden ist. Die ganze Welt erreicht auch auf dieser Ebene jedes einzelne Menschenleben, und jedes einzelne

Menschenleben ist – das wird uns durch die Folgen des anthropogenen Klimawandels in erschreckender Weise vor Augen geführt – mit seinen Folgen mit der ganzen Welt verbunden.

Während wir mit unserem Bewusstsein die lokale und regionale Lebenswelt ganz gut erfassen können, wird es mit den globalisierten Zusammenhängen schon deutlich schwieriger. Sie reichen weiter als unser einfaches, ungeschultes Vorstellungsvermögen, und sie sind so komplex, dass man die darin bestehenden Zusammenhänge nicht ohne weiteres versteht. So entwickelt sich ein Spannungsbogen zwischen dem einzelnen Menschen und der großen, weiten Welt.

Die stärkste und intensivste Verbindung für den Menschen ist diejenige zu seinem eigenen Leib. Beim Blick in den Spiegel erkennt man seinen Leib und sagt zu sich selbst „Ich". Diese Totalidentifikation dünnt sich immer mehr aus, je weiter die Aufmerksamkeit vom eigenen Leib aus in die Mitwelt hinausreicht. Es ist bemerkenswert, dass wir Heutigen aufgrund unserer Lebensart diesem Verdünnungseffekt immer stärker ausgesetzt sind, es aber zunehmend darauf ankommt, zur Mitwelt ein persönliches, verantwortliches Verhältnis zu gewinnen. Für letzteres müssen wir uns gleichsam gegen den Strom bewegen. Wir müssen etwas entwickeln, was uns nicht einfach zufällt, sondern was unter Umständen erst wieder mühsam errungen werden muss: Ein neues, bewusstes Verhältnis zur Natur. Das aber beruht zu einem nicht unwesentlichen Teil auf einer Schulung der Sinne, denn nur mit dem was der eigenen Wahrnehmung so zugänglich und vertraut ist wie der eigene Leib werden wir uns wirklich identifizieren. Und genau darauf kommt es an.

Vor allem in ländlichen Gegenden hat sich eine Fähigkeit erhalten, die in früheren Zeiten noch weit verbreitet war. Einige Menschen haben dort noch ein instinktives Verhältnis zur Natur. Treffsicher können erfahrene Fischer Wind und Wetter vorhersagen, geeignete Fahrrouten bestimmen und Fanggründe erkennen. Auch in landwirtschaftlichen Zusammenhängen können noch die letzten Ausläufer eines Wissens angetroffen werden, aus dem heraus die praktischen

Verrichtungen vorgenommen werden, ohne auf die modernen, digitalen Informationskanäle angewiesen zu sein. Im *Landwirtschaftliche Kurs* nahm Rudolf Steiner auf so etwas ausdrücklich Bezug (3,35) und betonte, wie wichtig es für die Zukunft sei, aus diesen alten Fähigkeiten ein neues Wissen zu entwickeln, das zu einem erneuerten Verhältnis zur Mitwelt führt: „Die Menschheit hat keine andere Wahl, als entweder auf den verschiedensten Gebieten aus dem ganzen Naturzusammenhang, aus dem Weltenzusammenhang heraus wieder etwas zu lernen, oder die Natur ebenso wie das Menschenleben absterben, degenerieren zu lassen. Wie in alten Zeiten es notwendig war, dass man Kenntnisse hatte, die wirklich hineingingen in das Gefüge der Natur, so brauchen auch wir heute wieder Kenntnisse, die wirklich hineingehen in das Gefüge der Natur.“ (2,33)

Anthroposophische Sinneslehre

Ein großes, eigenes Gebiet der Anthroposophie ist die so genannte „Sinneslehre“, die von Rudolf Steiner ab 1909 entwickelt wurde. Damals hatte er eine Vortragsreihe gehalten, der er den Titel *Anthroposophie, Psychosophie und Pneumatosophie* gegeben hatte [7], in der er damit begann, von sieben weiteren Sinnen zu sprechen, die zu den bekannten fünf Sinnen (Sehen, Hören, Riechen, Schmecken und Tasten) hinzugefügt wurden. Grundsätzlich stellte er damals fest: „Sinn ist das, wodurch wir uns eine Erkenntnis verschaffen ohne Mitwirken des Verstandes.“ [8] Und er präzisierte: „Das andere, was zum Seelenleben gehört, das Urteilen, wird gerade beim unmittelbaren Sinneserlebnis ausgeschaltet. Da macht sich das Begehren, das Hingebende und Exponierende der Seele gegenüber den äußeren Eindrücken allein geltend. Ein Sinneseindruck ist gerade dadurch charakterisiert, dass die Aufmerksamkeit bei ihm so hingeordnet ist, dass die Urteilsfällung als solche ausgeschaltet wird. Wenn sich die Seele dem Rot oder irgendeinem Ton exponiert, lebt in diesem Exponieren nur Begehren, und die andere Seelentätigkeit, das Urteilen, wird in diesem Falle ausgeschaltet, unterdrückt.“ [9]

Das Thema der Sinneslehre wurde danach durch Rudolf Steiner bei verschiedenen Gelegenheiten immer weiter ausgeführt, so beispielsweise im Hinblick auf das mit den Sinnesfunktionen verbundene Selbstbewusstsein: „Daher hat nur der physische Körper als solcher ein Selbstbewusstsein, die anderen drei Körper [Anm.: Ätherleib, Astralleib und Ich] nicht. In dem Augenblick, wo der Mensch seine physischen Sinnesorgane schließt, wenn er schläft, hört das Selbstbewusstsein auf; wenn er sie nach außen aufschließt, hat er Selbstbewusstsein. Selbstbewusstsein gewinnt man dadurch, dass man mit seinen Organen die Umgebung beobachten kann. Nur der physische Körper ist so weit, dass er seine Organe nach außen aufschließen kann.“ [10]

In der anthroposophischen Sinneslehre ist von insgesamt zwölf Sinnen die Rede. Neben den üblicherweise bekannten fünf Sinnen ist von einem Eigenbewegungs-, Gleichgewichts-, Lebens- und Wärmesinn die Rede, sowie von einem Sprach-, Gedanken- und Ichsinn, die sich vor allem auf den Austausch mit anderen Menschen beziehen. In einer Übersicht lassen sich die zwölf Sinne drei Gruppen zuordnen, anhand derer deutlich wird, inwiefern die Sinneswahrnehmungen mit unserer Beziehung zur Welt zu tun haben:

- Die körperliche Wahrnehmung wird ermöglicht durch den Gleichgewichts-, Eigenbewegungs-, Lebens- und Tastsinn.
- Die Umgebungswahrnehmung wird ermöglicht durch den Wärme-, Seh-, Geschmacks- und Geruchssinn.
- Die Erkenntniswahrnehmung wird ermöglicht durch den Ich-, Gedanken-, Sprach- und Hörsinn.

Allgemeine Sinneswahrnehmungen lassen sich anhand der Vorstellung der zwölf Sinne wesentlich feiner differenzieren. Gewöhnlich stellen wir zum Beispiel einfach fest, dass jemand spricht. Wenn wir uns dem zugrundeliegenden Prozess mit mehr Aufmerksamkeit zuwenden, können wir aber unterscheiden, dass wir (a) etwas hören, (b) was wir als Sprache erleben, (c) in der Gedanken ausgedrückt sind, die (d) von einem Menschen vorher gedacht wurden. Alle vier, der Erkenntniswahrnehmung zugeordneten Sinne sind also an diesem Prozess beteiligt. Ähnlich verhält es sich mit den vier, der Umgebungswahrnehmung oder den vier der Körperwahrnehmung zugeordneten Sinnen, von denen wir wissen, dass sie auf besondere Weise zusammenwirken, um für uns ein Bild unserer Mitwelt bzw. eine Erfahrung unseres Körpers entstehen zu lassen. Zum Eigenbewegungssinn erläuterte Rudolf Steiner: „Sie würden kein menschliches Wesen sein, wenn Sie nicht Ihre eigenen Bewegungen wahrnehmen könnten. Eine Maschine nimmt ihre Eigenbewegung nicht wahr, das kann nur ein lebendiges Wesen, vermöge eines wirklichen Sinnes. Der Sinn dafür, was wir in uns selber bewegen, vom Augenzwinkern bis zur Bewegung der Beine, ist ein wirklicher zweiter Sinn, der Eigenbewegungssinn.“ [11]

Sinneslehre und Landwirtschaftlicher Kurs

Fünfzehn Jahre waren bis zum Kurs in Koberwitz vergangen, seit Rudolf Steiner seine Sinneslehre erstmals vorgestellt hatte. Nun ging es um Fragen der praktischen Anwendung der Anthroposophie, womit auch die Sinneslehre gemeint war. Das andere Verhältnis zur Natur beginnt sich in der erneuerten Landwirtschaft prinzipiell von einem anderen sinnlichen Wahrnehmen aus zu entwickeln. Dabei kommt der in der Anthroposophie weiterentwickelte Goetheanismus (→ Band 1: 3.1) zum tragen. Man beginnt die Mitwelt anders anzuschauen:

„Die ganze Pflanze ist eigentlich ein verwandeltes Blatt. Das können Sie schon aus Goethes Naturforschung sich vor die Seele führen. Kurz, derjenige, der also ein Blatt ansieht, der sieht im Blatt, dass das noch nicht fertig ist, dass es über sich hinaus will, und er sieht mehr, als das grüne Blatt ihm gibt. Er wird durch das grüne Blatt so berührt, dass er in sich selber etwas wie sprossendes Leben empfindet. So wächst er mit dem grünen Pflanzenblatt zusammen und empfindet sprossendes Leben. Nehmen wir aber an, er sieht eine dürre Baumrinde an, dann kann er nicht anders mit der dürren Baumrinde zusammenwachsen als dadurch, dass ihn etwas überkommt wie Todesstimmung. Er sieht weniger in der dürren Baumrinde, als sie in Wirklichkeit darstellt. Derjenige, der nur dem Sinnenschein nach die Rinde ansieht, der kann sie bewundern, sie kann ihm gefallen, jedenfalls sieht er nicht das Zusammenschrumpfende, das in der Seele sich gleichsam Spießende, das die Seele wie mit Todesgedanken Erfüllende der abgestorbenen Baumrinde gegenüber." [12]

Irgendwann beginnt man vielleicht auch über die Elemente der Erde anders zu denken. Im *Landwirtschaftlichen Kurs* ist davon die Rede, dass das Kieselige „der allgemeine äußere Sinn im Irdischen" ist (3,44), ihm also Wahrnehmungsqualitäten zugesprochen werden, die sich zur Erde verhalten wie die Sinne zu unserem Leib. Ein gänzlich anderes Verständnis der natürlichen Zusammenhänge liegt dem zugrunde. Anders lässt sich auch nicht verstehen, dass Rudolf Steiner davon sprach, dass Landwirt:innen im Laufe der Zeit den Geruchssinn so verfeinern können, dass sie gar „hellriechend" werden. Dann tritt etwas auf, was von den vertrauten Sinnesfunktionen aus eine ganz neue Qualität des Wahrnehmens erschließt:

„Auf diesem Gebiete ist es eigentlich am leichtesten, ich möchte sagen, zu einer höheren Entwickelung zu kommen. Wenn man auf diesen Gebieten sich bestrebt, so kann man sehr leicht auf diesen Gebieten esoterisch werden. Man kann nicht geradezu hellsichtig werden, aber man kann sehr leicht hellriechend werden, wenn man sich aneignet nämlich einen gewissen Geruchssinn für die verschiedenen Aromen, die ausgehen von Pflanzen, die auf der Erde sind, und die ausgehen von Obstpflanzungen, auch wenn diese erst blühen, vom Walde gar. Dann wird man den Unterschied empfinden können zwischen einer astralärmeren Pflanzenatmosphäre, wie man sie bei den Krautpflanzen, die auf der Erde wachsen, riechen kann, und zwischen einer astralreichen Pflanzenwelt, wie man sie haben kann in der Nase, wenn man schnüffelt dasjenige, was in einer so schönen Weise von den Kronen der Bäume her gerochen werden kann. Und gewöhnen Sie sich auf diese Weise an, den Geruch zu spezifizieren, zu unterscheiden, zu individualisieren zwischen Erdpflanzengeruch und Baumgeruch, so haben Sie im ersteren Fall Hellriechigkeit für dünnere Astralität, im zweiten Fall Hellriechigkeit für dichtere Astralität.- Sie sehen, der Landwirt kann leicht hellriechig werden.“ (7,15)

Das Kapitel kurz und knapp:

- Die stärkste und intensivste Verbindung für den Menschen ist diejenige zu seinem eigenen Leib. So intensiv sollte der Mensch sich auch mit der Natur verbunden erleben, was durch eine Schulung der Sinne zu erreichen ist.
- Anstelle der alten instinktiven Fähigkeiten soll heutzutage ein neues Wissen erworben werden, das ganz in das Gefüge der Natur hineinreicht.
- In der Anthroposophie ist von zwölf Sinnen die Rede, die der Wahrnehmung des Körpers, der Umgebung und der Erkenntnis dienen.
- Das andere Verhältnis zur Natur entwickelt sich in der erneuerten Landwirtschaft von einem anderen sinnlichen Wahrnehmen aus.

1.3 Die Wahrnehmung

Wer die biologisch-dynamische Landwirtschaft bloß als Zusammenstellung interessanter Methoden versteht, unterschätzt ihre eigentliche Dimension. Will man wirklich im Sinne der anthroposophisch erneuerten Landwirtschaft arbeiten, wird man nicht umhin kommen, sich als ganzer Mensch einzubringen – und zu verändern. Der gemeinte Umgang mit der Erde und allen Lebewesen in einem Hoforganismus setzt nämlich eine andere Art der Wahrnehmung und des Denkens voraus, die dazu geeignet macht, Lebensprozesse als solche zu verstehen.

Erleben und verstehen

Mehr denn je kommt es für uns Menschen der Gegenwart darauf an, dass wir uns über die Motive im eigenen Tun klar werden, und dass wir danach bewusst entscheiden und handeln. Dabei brauchen wir nicht nur zu hinterfragen warum wir etwas tun, sondern vor allem sollten wir uns damit beschäftigen, was wir mit unseren Taten – für unsere Mitwelt und uns selbst – bewirken wollen. Das führt uns dahin, dass wir unseren typisch menschlichen Möglichkeiten gemäß leben und adäquat verantwortlich handeln.

In der alltäglichen Welt ist dieser Handlungsansatz allerdings wenig populär und nicht einfach umzusetzen. Wir sind de facto so vielen irgendwie treibenden Kräften ausgesetzt, dass es schwer fällt, aus den wirklich eigenen, gut reflektierte Motive bewusst zu handeln. Hinzu kommt, dass wir es im Allgemeinen nicht wirklich gelernt haben, ein persönliches Verhältnis zu unserer Mitwelt zu pflegen und die Wirkungen unserer Taten vorauszudenken. Vielmehr entspricht es der vorherrschenden Lebensart, dass der „moderne Mensch" sich möglichst sachlich verhalten soll. Das mutmaßlich persönliche Verhältnis findet sich vor solchem Hintergrund nicht selten zu überzogener Subjektivität degradiert. So nimmt es nicht Wunder, dass die meisten Menschen nicht mehr viel von den natürlichen Vorgängen im Leben – von den Jahreszeiten, den lebendigen biologischen Prozessen, der Herkunft der Nahrungsmittel, dem Wind, dem Wetter, usw. – wissen. Und wenn, ist es eher ein „Knopfwissen", denn zu jeder Frage liefert das Internet jederzeit eine schnelle Antwort. Da bleibt dem persönlichen Verhältnis zur Natur nur eine verschwindend geringe Chance.

Weil durch unsere Lebensart unsere Erlebnisfähigkeit für die mitweltliche Verbundenheit reduziert ist, sind wir also in eine Situation geraten, in der wir vermeintlich viel wissen ohne es wirklich zu erleben. Im „Informationszeitalter" wird uns ständig vorgeführt, was erforscht und irgendwie verifiziert wurde. Das läuft darauf hinaus, dass nur das „geglaubt" wird, was irgendwann mit den Methoden der allgemein vorherrschenden Wissenschaft gezählt, gemessen oder gewogen wurde. Das alles soll überzeugend wirken, aber es käme eigentlich doch darauf an, dass jeder Mensch sich selbst überzeugt. Dazu bedarf es vor allem eines Vertrauens in die eigenen Fähigkeiten des Erkennens. Das Erleben und Verstehen der Welt kann und sollte sich idealiter auf einer Grundlage ereignen, die im betreffenden Menschen selbst und nicht anderswo, schon gar nicht in der künstlichen Intelligenz des Internet zu finden ist.

Im *Landwirtschaftlichen Kurs* hatte Rudolf Steiner auf den zeitgeschichtlichen Kontext dieser Herausforderungen hingewiesen: „Wir stehen auch vor einer großen Umwandlung des Innern der Natur. Das, was aus alten Zeiten zu uns herübergekommen ist, was wir auch immer fortgepflanzt haben, sowohl an Naturanlagen, an naturvererbten Kenntnissen und dergleichen, wie auch dasjenige, was wir von Heilmitteln herüberbekommen haben, verliert seine Bedeutung. Wir müssen wiederum neue Kenntnisse erwerben, um in den ganzen Naturzusammenhang solcher Dinge hineinzukommen." (2,33)

Erkenntnis im Sinne der Anthroposophie

Bis uns etwas klar geworden ist, wir etwas „erkannt" haben, haben wir einen mehrstufigen Prozess absolviert, der mit einer Erfahrung begann. Eine der grundlegenden anthroposophischen Schriften Rudolf Steiners ist diesem Thema gewidmet, das darin im Sinne der Weltanschauung Goethes erörtert wird. [13] Das Buch beginnt mit einem grundlegenden Kapitel zur Erfahrung im ganz allgemeinen Sinne, woran sich Erläuterungen zum Denken als „höhere Erfahrung in der Erfahrung" anschließen. Damit werden die äußere und die innere Welt einander gegenüber gestellt: „Zwei Gebiete stehen also einander gegenüber, unser Denken und die Gegenstände, mit denen sich dasselbe beschäftigt. Man bezeichnet die letzteren, insofern sie unserer Beobachtung zugänglich sind, als den Inhalt der Erfahrung. [...] Wie aus einem uns unbekannten Jenseits entspringend, bietet sich zunächst die Wirklichkeit unserer sinnlichen und geistigen Auffassung dar. Zunächst können wir nur unseren Blick über die uns gegenübertretende Mannigfaltigkeit schweifen lassen." [14]

Wenn wir einmal von der Selbstverständlichkeit absehen, mit der wir unser Erleben der Welt tagtäglich hinnehmen, entdecken wir, dass jede Begegnung mit unserer Mitwelt eigentlich etwas eigentümliches, überraschendes ist. Dieses einfache, erste sinnliche Erfassen der Wirklichkeit bezeichnete Rudolf Steiner als reine Erfahrung. „Reine Erfahrung ist die Form der Wirklichkeit, in der diese uns erscheint, wenn wir ihr mit vollständiger Entäußerung unseres Selbstes entgegentreten." [15] In ihr sind alle Dinge und Wesen zunächst gleichrangig. Wenn wir aber dann die ersten Eindrücke zu ordnen beginnen, gehen wir bereits über die reine Erfahrung hinaus.

Wir werden uns einer Ordnung bewusst, indem wir über die ersten

Sinneseindrücke nachdenken. Ohne das menschliche Denken gäbe es diese Über- und Unterordnung nicht. Für die Anthroposophie ist es von zentraler Bedeutung, dass das Denken selbst zum Gegenstand der Erfahrung wird und dadurch ein spezifischer Zugang zum Welterleben gefunden wird, insofern die Dinge und Wesen der Mitwelt aus sich selbst heraus verstanden werden:

„Sollen wir an dem Denken ein Mittel gewinnen, tiefer in die Welt einzudringen, dann muss es selbst zuerst Erfahrung werden. Wir müssen das Denken innerhalb der Erfahrungstatsachen selbst als eine solche aufsuchen. Nur so wird unsere Weltanschauung der inneren Einheitlichkeit nicht entbehren. Sie würde es sogleich, wenn wir ein fremdes Element in sie hineintragen wollten. Wir treten der bloßen reinen Erfahrung gegenüber und suchen innerhalb ihrer selbst das Element, das über sich und über die übrige Wirklichkeit Licht verbreitet." [16]

Versteht man was damit gemeint ist, verliert sich das Bedenken, dass jedes Wahrnehmen der Welt stets subjektiver Natur ist, weil der Mensch schließlich niemals über sich hinaus könne. Gemeint ist stattdessen, dass es möglich ist, sich so intensiv mit etwas zu verbinden, dass das eigene Denken damit vollkommen verschmilzt. Der betreffende Mensch geht dann in gewissem Sinne ganz im Gegenstand seiner Beobachtung auf. Diese Erfahrung macht jeder Mensch immer wieder, meistens aber nicht absichtlich und gewollt. Würde er es mit Absicht tun, würde ihn das Denken als Erfahrungstatsache über die reine Erfahrung hinausführen. Damit erschließt sich ein weiterer Aspekt der Wirklichkeit, den Rudolf Steiner das „Urphänomen" genannt hat.

„Was in Mathematik, Physik und Mechanik nicht bloße Beschreibung ist, das muss Urphänomen sein. Auf dem Gewahrwerden der Urphänomene beruht aller Fortschritt der Wissenschaft. Wenn es gelingt, einen Vorgang aus den Verbindungen mit anderen herauszulösen und ihn rein für die Folge bestimmter Erfahrungselemente zu erklären, ist man einen Schritt tiefer in das Weltgetriebe eingedrungen.

Wir haben gesehen, dass sich das Urphänomen rein im Gedanken ergibt, wenn man die in Betracht kommenden Faktoren ihrem Wesen gemäß im Denken in Zusammenhang bringt. Man kann aber die notwendigen Bedingungen auch künstlich herstellen. Das geschieht beim wissenschaftlichen Versuche. Da haben wir das Eintreten gewisser Tatsachen in unserer Gewalt. Natürlich können wir nicht von allen Nebenumständen absehen. Aber es gibt ein Mittel, doch über die letzteren hinwegzukommen. Man stellt ein Phänomen in verschiedenen Modifikationen her. Man lässt einmal die, einmal jene Nebenumstände wirken. Dann findet man, dass sich ein Konstantes durch alle diese Modifikationen hindurchzieht. Man muss das Wesentliche eben in allen Kombinationen beibehalten. Man findet, dass in allen diesen einzelnen Erfahrungen ein Tatsachenbestandteil derselbe bleibt. Dieser ist höhere Erfahrung in der Erfahrung. Er ist Grundtatsache oder Urphänomen.“ [17]

Wenn man so will verläuft der Erkenntnisprozess über drei Etappen hinweg, die man als reine Erfahrung (Staunen), als Vorstellung (Denken) und Verstehen (Begreifen) bezeichnen kann. Diesen Dreischritt kann der Mensch so vollziehen, dass die Dinge und Wesen der Mitwelt aus sich selbst heraus erkannt werden.

Erkenntnistheorie und Landwirtschaftlicher Kurs

Immer wieder sprach Rudolf Steiner in Koberwitz von den lebendigen Vorgängen in der Natur, die der landwirtschaftlich tätige Mensch im eigenen Erleben nachvollziehen kann und soll. Nur so seien die Grundlagen einer im Sinne der Anthroposophie erneuerten Landwirtschaft zu verstehen: „Aber gewisse Dinge, die eigentlich fortwährend um uns herum vorgehen, die kennt man ja gar nicht. Würde man sie kennen, so würde man leichter glauben können an solche Dinge, wie ich sie jetzt auseinandergesetzt habe.“ (5,41)

Es ist interessant wie Rudolf Steiner im Hinblick auf die Landwirtschaft von diesem erneuerten Erkennen spricht und welche Weltauffassung daraus hervorgeht. Zunächst fällt der ganzheitliche Blick auf, der das Zusammenleben prinzipiell immer organisch versteht. Ein Ganzes bestimmt die Lebenswirklichkeiten aller Teile: „Das ist die Aufgabe, dass man das Pflanzenwesen so ansehen lernt, dass jede Pflanzenart hineingestellt erscheint in einen Gesamtorganismus der Pflanzenwelt, wie das einzelne menschliche Organ in den gesamten Organismus des Menschen hereingestellt erscheint. Man muss die einzelnen Pflanzen als Teile eines Ganzen ansehen können." (3,41) Eine solche Art der Wahrnehmung und Erkenntnis „über die Wirkungsweise des Geistigen" ist in der Landwirtschaft unverzichtbar, „wenn man die Dinge in der richtigen Weise behandeln will." (4,8) Anhand einer aromatisch duftenden Wiese wurde beispielsweise beschrieben, dass Pflanzen nicht nur Geruch verströmen, sondern auch aufnehmen. Und es wurde festgestellt: „Alle diese Dinge muss man lebendig im persönlichen Verhältnis eigentlich haben, dann steckt man drinnen in der wirklichen Natur." (4,16)

Ohne Frage haben wir es bei dieser Art des Naturerlebens mit etwas zu tun, was über das verbreitete alltägliche Verhältnis zur Welt hinausgeht. Wir haben ja gesehen, wo eine entsprechende Schulung der Aufmerksamkeit ansetzen kann. Im Landwirtschaftlichen Kurs ist schließlich von einem „empfindenden Erkennen" (3,45) die Rede. Daraus geht das gemeinte persönliche Verhältnis zu all dem hervor, was in der Landwirtschaft in Betracht kommt (4,14), wodurch man schließlich erst wirklich mit der Natur verbunden ist. (4,16) In früheren Zeiten verfügten die Menschen noch über eine „instinktive Agrikulturweisheit" (6,15), wohingegen es heute darauf ankommt, das pflanzliche Leben wieder so zu erfahren, dass man in die Lebensvorgänge „hineinsieht" und sie darum aus sich selbst heraus versteht. (8,6)

Das Kapitel kurz und knapp:

- Sich über die Motive im eigenen Handeln klar werden und danach bewusst entscheiden, bedeutet, den typisch menschlichen Möglichkeiten gemäß zu leben.
- Heutzutage weiß der Mensch oftmals viel ohne es wirklich zu erleben. Darum kommt es darauf an, eine neue Verbindung mit der Natur zu entwickeln.
- Erfahrung, Denken und Erkennen können geschult werden. So wird das Denken zu einem Mittel, tiefer in die Welt einzudringen. Es kann mit dem Gegenstand der Wahrnehmung verschmelzen. Der Mensch erlebt sich dann als eins mit der Welt.
- Der menschliche Erkenntnisprozess verläuft über die Etappen Erfahrung (Staunen), Vorstellung (Denken) und Verstehen (Begreifen). Der ganzheitliche Blick versteht das Zusammenleben immer organisch. Ein Ganzes bestimmt die Lebenswirklichkeiten aller Teile.

1.4 Leben und Bewusstsein

Die Sehnsucht nach einer Erneuerung der Landwirtschaft, die für das Zustandekommen des Landwirtschaftlichen Kurses *so wichtig war, kann man nicht hoch genug schätzen. In Koberwitz fanden Menschen zusammen, die sich ihrer Verantwortung für die Erde bewusst waren. Wenn es eine Erneuerung der Landwirtschaft in diesem Sinne geben könnte, dann, so meinten sie, müsste das auf spiritueller Grundlage geschehen. Darum wurde die biologisch-dynamische Landwirtschaft im anthroposophischen Kontext begründet.*

Handeln aus eigener Einsicht

Aufgrund der Entdeckungen, die auf den Gebieten der Humanmedizin und Biologie im 19. und beginnenden 20. Jahrhundert bezüglich des menschlichen Lebens gemacht worden waren, war es fortan möglich, die personale und die biologische Existenz des Menschen klar voneinander zu unterscheiden. (→ 1.1) Rudolf Steiner hatte das zum Anlass genommen, auf die Bedeutung des Bewusstseins als entscheidende Grundlage der menschlichen Existenz hinzuweisen.[18] Implizit war damit klar, dass eine geistige und eine biologische Existenz des Menschen voneinander zu unterscheiden sind, was für ein Verständnis des anthroposophischen Menschenbildes von entscheidender Bedeutung ist.[19] Dem Menschen ist nicht nur das Leben gegeben, er ist auch mit einem Bewusstsein begabt, das in seinem Fall so beschaffen ist, dass es mit seinen besonderen Möglichkeiten über das der Tiere hinausreicht. Damit nimmt er innerhalb der Naturreiche schon konstitutionell eine Sonderstellung ein.

Im *Landwirtschaftlichen Kurs* hat Rudolf Steiner viele seiner Darstellungen in Anlehnung an Beschreibungen der physiologischen und biologischen Beschaffenheit des Menschen gegeben. Und er hatte erklärt, dass ihm diese Art der Darstellung, die vom Menschen ausgeht besonders wichtig ist. (4,37) Wie verhält es sich unter diesem Vorzeichen mit dem Unterschied von Leben und Bewusstsein bezogen auf den Hoforganismus und die landwirtschaftliche Individualität? (→ 3.1) Ist auch diesbezüglich eine hilfreiche Analogie erkennbar?

Das menschliche Bewusstsein zeichnet sich dadurch aus, dass besondere geistige Fähigkeiten den Menschen in die Lage versetzen, über die Inhalte seines seelisch-geistigen Lebens zum großen Teil selbst zu entscheiden. So ist ihm ein willkürliches Erinnern und Vorstellen möglich, mit dem er sich Bilder einer Zukunft schaffen kann, die es ohne ihn und seine Taten so nicht geben würde. Er kann darum die Welt gewissermaßen zum Gegenstand seines selbstbestimmten geistigen Lebens machen und die Natur nach eigenem Gutdünken formen und verändern. Wohl und Wehe der Mitwelt sind zu einem Gutteil seinen Händen anvertraut.

Dieses Bewusstsein ermöglicht es dem Menschen aber auch, sich darüber klar zu werden, dass er das Leben selbst mit allen Wesen dieser Welt teilt. Nicht nur die Fähigkeiten zum willkürlichen Verändern der Welt, sondern auch der potenziell hohe Grad des Verantwortungsgefühls ist so gesehen typisch menschlich. Kein anderes Wesen der Erde verfügt über die Möglichkeit zu einer so weitreichenden Überschau wie der Mensch. Daraus resultiert idealerweise ein hohes ethisches Potenzial. Der Mensch kann – wenn er es für sich als maßgeblich erkennt und wirklich will – Natur und Mitwesen pflegen und bewahren. Damit kommt etwas Neues und Hilfreiches in die Welt, was es ohne ihn nicht gäbe, nämlich ein Lebenszusammenhang, der, aus den natürlichen Vorgaben abgeleitet, ganz frei gewollt ist. Darin findet sich ein Widerspruch überwunden, auf den Rudolf Steiner 1921 in einer Vortragsreihe hingewiesen hat:

„Da ist vor allen Dingen notwendig zu berücksichtigen, dass die moralische Welt ohne die Statuierung der Freiheit nicht bestehen kann, die natürliche Welt nicht bestehen kann ohne die Notwendigkeit, nach welcher das eine aus dem andern hervorgeht. Es könnte im Grunde gar keine Wissenschaft geben, wenn es diese Notwendigkeit nicht geben würde. Würde nicht notwendig eine Erscheinung aus der andern hervorgehen im Naturzusammenhang, würde da alles willkürlich sein, so könnte es ja keine Wissenschaft geben. Es könnte nun ja alles dasjenige, was man eben nicht wissen kann, aus dem andern hervorgehen, nicht wahr! Also es ist klar: Wissenschaft ist zunächst da, wenn man in ihr nur sehen will, wie eines aus dem andern hervorgeht, dass eines aus dem andern hervorgeht. Aber wenn diese Naturkausalität ganz allgemein ist, dann ist eine moralische Freiheit unmöglich, dann kann sie nicht da sein. Aber das Bewusstsein dieser moralischen Freiheit innerhalb des Seelisch-Geistigen, das ist als eine unmittelbar erfahrbare Tatsache in jedem Menschen vorhanden.

Der Widerspruch zwischen dem, was der Mensch erlebt in seiner moralischen Seelenkonstitution und in der Naturkausalität, ist nicht ein logischer, sondern ein Lebenswiderspruch. Wir gehen fortwährend mit diesem Widerspruch durch die Welt. Er gehört zum Leben.“ [20]

Diese Spannung, die zwischen der Naturkausalität und der moralischen Seelenkonstitution des Menschen besteht, beruht auf dem Gegensatz von Leben und Bewusstsein. Die gleichzeitige Teilhabe an dem einen und dem anderen wird für den Menschen zur entscheidenden, existenziellen Herausforderung, denn es ist an ihm, und nur an ihm, diesen Gegensatz durch freie Entscheidung und Tat zu überbrücken. Der landwirtschaftliche Betrieb ist idealerweise ein Ort, an dem sich das ereignet und an dem die Welt durch den Menschen im besten Sinne zu einer anderen wird. Es ist der Mensch, der aus freier Entscheidung und Tat diese veränderte Welt entstehen lässt. Die landwirtschaftliche Individualität wird sich in ihm ihrer selbst bewusst!

Spiritualität und Anthroposophie

Verstehen wir die Rolle des Menschen in der Landwirtschaft in diesem Sinne, finden wir zu einem Ausgangspunkt der in der landwirtschaftlichen Praxis angewandten anthroposophischen Spiritualität. Seinen in Dornach gegebenen Bericht beschloss Rudolf Steiner mit den Worten: „Aber es hört auf dasjenige, was aus dem Geist kommt, unpraktisch zu sein, wenn es eben tatsächlich aus dem Geiste kommt. Es wird dann im eminentesten Sinne praktisch." (B53)

Wenn in der Anthroposophie von Spiritualität die Rede ist, geht es im Ergebnis um ein anderes, innigeres Verhältnis zur Welt. Mit der Schulung von Wahrnehmung und Denken verfeinert sich das leibliche und ebenso das seelisch-geistige Sensorium. Tatsachen und Zusammenhänge lassen sich darum vor einem tieferen Hintergrund verstehen. Spiritualität im Sinne der Anthroposophie beruht vor allem auf einer Übung der Aufmerksamkeit für alles was die Sinne vermitteln und auf dem daran anschließenden Vertrauen in die eigenen Wahrnehmungen in der äußerlichen und innerlichen Erlebniswelt. Der Mensch schult darin sein Bewusstsein und macht sich auf einen Weg, der über das ihm Gegebene hinausführt.

„Wodurch wissen wir denn überhaupt etwas von der Sinneswelt? Nun, die Antwort ist einfach: durch unsere Sinne; durch das Ohr von der Tonwelt, durch das Auge von der Farben- und Formenwelt und so weiter. Wir wissen durch unsere Sinnesorgane von der Sinneswelt. Derjenige Mensch, der zunächst in der alltäglichen Weise dieser Sinneswelt gegenübersteht, der lässt diese auf sich wirken und urteilt. Der ergebene Mensch, der lässt die Sinneswelt zunächst auf die Sinne wirken. Dann aber fühlt er, wie von den Dingen waltender Wille zu ihm überströmt, wie er gleichsam schwimmt mit den Dingen in einem gemeinschaftlichen Meer von waltendem Willen. Wenn der Mensch diesen waltenden Willen den Dingen gegenüber fühlt, dann treibt ihn sozusagen seine Entwickelung wie von selbst zu einer nächsthöheren Stufe. Dann lernt er nämlich, weil er ja durchgemacht hat bis zu dieser

Ergebung hin die Vorstufen, die wir genannt haben das Sich-in-Einklang-Fühlen mit der Weltenweisheit, die Verehrung, das Staunen, dann lernt er durch das Hineinwirken dieser Zustände in dem zuletzt erlangten Zustand der Ergebung die Möglichkeit, nun auch mit seinem Ätherleib, mit dem, was als Ätherleib hinter dem physischen Leib steht, mit den Dingen gleichsam zusammenzuwachsen. […] Aber indem der Ätherleib mit den Dingen zusammenwächst, kommt über den Menschen eine ganz neue Art der Anschauung. Die Welt ist dann in einem viel erheblicheren Maße verändert, als sie verändert ist dadurch, dass wir von dem Sinnenschein vordringen zum waltenden Willen. Da kommen wir dazu, wenn wir mit unserem Ätherleib sozusagen zusammenwachsen mit den Dingen, dass die Dinge in der Welt, wie sie dastehen, auf uns einen Eindruck machen, so dass wir sie in unseren Vorstellungen, in unseren Begriffen nicht so lassen können, wie sie sind, sondern sie verändern sich uns, indem wir mit ihnen in Beziehungen treten.“ [21]

Im *Landwirtschaftlichen Kurs* findet sich diese Spiritualität angewendet. Die Tatsachen und Zusammenhänge im Leben der Mitwelt erscheinen in einer tieferen Dimension. So ist vom Leben der Pflanzen die Rede, dass über das einzelne Exemplar hinausreicht: „Es ist gar nicht wahr, dass das Leben mit der Kontur, mit dem Umkreis der Pflanze aufhört. Das Leben als solches setzt sich fort namentlich von den Wurzeln der Pflanze aus in den Erdboden hinein, und es ist für viele Pflanzen gar keine scharfe Grenze zwischen dem Leben innerhalb der Pflanze und dem Leben im Umkreise, in dem die Pflanze lebt.“ (4,12) Und es wird weiter ausgeführt: „Wenn Sie auf das Wesen eingehen, so hat das Lebendige immer eine Außenseite und eine Innenseite. Die Innenseite liegt innerhalb irgendeiner Haut, die Außenseite liegt außerhalb der Haut.“ (4,14)

Bäuerliche Spiritualität im Landwirtschaftlichen Kurs

Aus einem solchen spiritualisierten Welterleben heraus wird die biologisch-dynamische Landwirtschaft betrieben, in der es darum geht, dass der Mensch seine Fähigkeiten dafür einsetzt, der Erde Lebenskräfte zukommen zu lassen, bzw. diese in den natürlichen Zusammenhängen zu bewahren und zu pflegen. (4,21) Dieser Handlungsansatz wird mit kritischem Seitenblick auf die konventionelle Landwirtschaft betont: „Man muss die Erde direkt beleben, und das kann man nicht, wenn man mineralisierend vorgeht, das kann man nur, wenn man mit Organischem vorgeht, das man in eine entsprechende Lage bringt, so dass es organisierend, belebend auf das Feste, Erdige selber wirken kann." (5,8)

Anthroposophische Landwirtschaft ist immer auch mit einer spirituellen Betätigung verbunden, die im Kern darauf gerichtet ist, die Lebenskräfte der Erde zu bewahren. (5,2) Insofern ist Spiritualität im Sinne der biologisch-dynamischen Landwirtschaft nie ohne den ganz praktischen Bezug zu den Lebenswirklichkeiten des Hoforganismus gemeint. Sie fördert und unterstützt die Tätigkeit des Menschen in der Landwirtschaft.

Bevor wir uns nun dem *Landwirtschaftlichen Kurs* ausführlich zuwenden, soll noch einmal hervorgehoben sein, dass der Impuls der erneuerten, biologisch-dynamischen Landwirtschaft besonders darauf beruht, dass den menschlichen Fähigkeiten im umfassenden Sinne Vertrauen und Wertschätzung entgegengebracht, und darum die Rolle des Menschen im Hoforganismus in einzigartiger Weise betont wird. Instinktives Wissen soll erweitert werden „nach der kosmischen Seite hin". (1,11–13; 7,25) Dazu gehört, dass von einer speziellen bäuerlichen Spiritualität die Rede ist, in der „das Geistige in dem inneren Tun schon einen gewissen Bezug zur Landwirtschaft" gewinnt, und es darum nicht schlecht sei „wenn derjenige, der Landwirtschaft zu besorgen hat, meditieren kann." (3,35)

Durch diese seelendiätetische Betätigung – die heutzutage, weil sie in vielen Berufen empfohlen wird, weniger befremdlich ist als seinerzeit – wird bewirkt, dass etwas Besonderes, nun im besten Sinne typisch Menschliches im landwirtschaftlichen Betrieb zum tragen kommt: „Alles dasjenige aber, was da auf eine äußerlich nicht erklärliche, innerlich aber sehr durchschaubare Weise geschieht durch den Einfluss des Menschen selber, das geschieht schon auch dadurch, dass der Mensch, sagen wir, Meditationen verrichtet und sich durch das meditative Leben vorbereitet…" (F1,29)

Das Kapitel kurz und knapp:

- Dem Menschen ist nicht nur das Leben gegeben, er ist auch mit einem Bewusstsein begabt, das Selbsterkenntnis ermöglicht. Die biologisch-dynamische Landwirtschaft wurde im anthroposophischen Kontext begründet. Daraus resultiert ein hohes ethisches Potenzial.
- Der Unterschied von Leben und Bewusstsein tritt im Verhältnis von Hoforganismus und landwirtschaftlicher Individualität zutage. Wird die Rolle des Menschen in der Landwirtschaft in diesem Sinne verstanden, ergibt sich ein Ausgangspunkt für die in der landwirtschaftlichen Praxis angewendete anthroposophische Spiritualität.
- Wenn in der Anthroposophie von Spiritualität die Rede ist, geht es im Ergebnis um ein anderes, innigeres Verhältnis zur Welt. Mit der Schulung von Wahrnehmung und Denken verfeinert sich das leibliche und ebenso das seelisch-geistige Sensorium. Tatsachen und Zusammenhänge lassen sich darum vor einem tieferen Hintergrund verstehen.
- In der biologisch-dynamischen Landwirtschaft setzt der Mensch seine Fähigkeiten dafür ein, der Erde Lebenskräfte zukommen zu lassen, bzw. diese in den natürlichen Zusammenhängen zu bewahren und zu pflegen. Den menschlichen Fähigkeiten wird im umfassenden Sinne Vertrauen und Wertschätzung entgegengebracht.

1.5 Übungsaufgaben zu Teil 1

Übungsaufgaben zu den Kapiteln 1.1 bis 1.4:

Bitte beantworten Sie die folgenden fünf Fragen zu den Inhalten der vorangegangenen Kapitel (die Lösungen finden Sie im Anhang dieses Buches):

1. Wie wird in der biologisch-dynamischen Landwirtschaft die Rolle des Menschen im Naturzusammenhang verstanden?
2. Inwiefern lassen sich der menschliche Ernährungsprozess und die landwirtschaftliche Pflege des Bodens miteinander vergleichen?
3. Wie erklärt Rudolf Steiner in seiner Sinneslehre, was ein Sinn ist?
4. Welches sind die drei Etappen im mehrstufigen Erkenntnisprozess?
5. Worauf beruht die konstitutionelle Sonderstellung des Menschen in der Natur?

Übungsaufgaben zu Kapitel 1.3:

Welche der nachfolgend aufgeführten Aussagen sind wahr und welche sind falsch? Zu jeder Aussage gibt es zwei Antworten, die Ihre Feststellung unterstützen. Bitte beachten Sie: Sie beginnen Ihre Antwort mit der Feststellung WAHR oder FALSCH. Dann suchen Sie im vorangegangenen Kapitel nach den Formulierungen oder Zahlen, die Ihre Antwort belegen.

Beispiel:
Heutzutage ist es schwer, die Wirkung der eigenen Taten im voraus zu realisieren. Wir Menschen wissen viel ohne es wirklich zu erleben.
WAHR: bewusstes Handeln aus persönlichen Motiven fällt im Alltag schwer | das Vertrauen in die eigenen Fähigkeiten des Erkennens ist eingeschränkt

Erkenntnis ereignet sich spontan in einem Moment. Das beruht darauf, dass uns die Mitwelt vertraut ist.

Das Denken selbst kann zur Erfahrungstatsache werden. Dadurch ergibt sich eine neue Art des Naturerlebens.

Übungsaufgabe zum Kapitel 1.4:

Die biologisch-dynamische Landwirtschaft wurde vor dem Hintergrund der Anthroposophie entwickelt. Im Kapitel 1.4 heißt es: „Es ist der Mensch, der aus freier Entscheidung und Tat diese veränderte Welt entstehen lässt. Die landwirtschaftliche Individualität wird sich in ihm ihrer selbst bewusst!" Bitte geben Sie anhand von ein paar Beispielen wieder, was dazu im besagten Kapitel ausgeführt wird.

TEIL 2:

Auftakt zum Landwirtschaftlichen Kurs

2.1 Quellgründe der biologisch-dynamischen Landwirtschaft

Dass die Anthroposophie in einem spezifischen, zeitgeschichtlichen Kontext entstanden ist und sich darin seitdem immer weiter entwickelt, sahen wir bereits. (→ Band 1: 1.1 bis 1.4) Hinzu kommt, dass zu Beginn des 20. Jahrhunderts innerhalb der anthroposophischen Bewegung unterschiedliche Intentionen im Zusammenhang mit speziellen, auf die Erneuerung der Landwirtschaft gerichteten Fragestellungen lebten. Vertreten wurden sie durch einzelne Protagonisten, die, ihren jeweiligen Interessenschwerpunkten und beruflichen Hintergründen folgend, landwirtschaftliche Fragestellungen auf originelle Weise anthroposophisch orientiert bearbeiteten.

Im Wesentlichen handelt es sich dabei um drei „Richtungen“, die schließlich auch für das Zustandekommen vom *Landwirtschaftlichen Kurs* maßgeblich waren. Der deutsch-amerikanische Naturwissenschaftler, Anthroposoph und Pionier der biologisch-dynamischen Landwirtschaft Ehrenfried Pfeiffer (1899–1961) hat in seinen Erinnerungen darauf hingewiesen. [22] Diese drei Richtungen haben sich in ihrer Eigenart innerhalb der Bewegung der biologisch-dynamischen Landwirtschaft in gewisser Weise bis auf den heutigen Tag erhalten und verleihen dem gemeinsamen Anliegen – nach wie vor – ein jeweils sehr eigenes Kolorit.

Dass vor anthroposophischem Hintergrund an einer Erneuerung der Landwirtschaft gearbeitet wurde, begann spätestens im Herbst 1920, also vier Jahre vor dem Kurs in Koberwitz. Bei einem „Hochschulkurs“ in Dornach fragte beispielsweise Johann Simon Streicher (1887–1971), der sich später in anthroposophischen Zusammenhängen als Naturwissenschaftler profilierte, „nach der relativen Berechtigung einer mineralischen Düngung“ [23], und auch in der Aktiengesellschaft „Der Kommende Tag“, die im März 1920 gegründet worden war, und auf die wir gleich noch genauer zurückkommen werden, beschäftigte man sich vor anthroposophischem Hintergrund mit der Landwirtschaft. Verschiedene Menschen hatten seinerzeit damit begonnen, aus unterschiedlichen Richtungen praktisch-landwirtschaftliche Aufgaben aus anthroposophischer Gesinnung zu bearbeiten, wofür sie sich immer wieder auch durch Rudolf Steiner beraten ließen.

Ehrenfried Pfeiffer zufolge handelte es sich zusammengefasst um Fragestellungen, die (a) den landwirtschaftlichen Betrieb, (b) die Saatgut- und Ernährungsqualität und (c) die Gesundheit und Krankheit der Pflanzen und Tiere betrafen. Für die verschiedenen, zunächst noch rein informellen Arbeitszusammenhänge wäre der Begriff „Fraktionen“ (von lateinisch *fractura* „Bruch“) wohl nicht angemessen, weil er dem letztlich auf ein gemeinsames Ziel gerichteten Bemühen einen negativen Beigeschmack verleihen würde. Wir sprechen darum lieber von den „Quellgründen“ der biologisch-dynamischen Landwirtschaft. Gleichwohl wollen wir nicht unerwähnt lassen, dass im Zusammentreffen so unterschiedlich gerichteter Fragestellungen auch ein Konfliktpotenzial gegeben war – und ist. Bereits im *Landwirtschaftlichen Kurs* trat das zutage. Jetzt soll es aber um die Inhalte und einige ausgewählte Menschen gehen, die für die drei Quellgründe stehen.

Der landwirtschaftliche Betrieb

In den Jahren des Übergangs vom 19. zum 20. Jahrhundert hatte sich Rudolf Steiner intensiv für eine „Dreigliederung des sozialen Organismus“ (→ Band 1: 3.1) eingesetzt. Diese Bemühungen wurden nach dem Ende des Ersten Weltkriegs noch verstärkt, indem versucht wurde, durch praktische Beispiele und Einrichtungen an der Umsetzung der sozialen Erneuerungsideen zu arbeiten. Die Gründung der „Waldorfschulen" erfolgte im Zuge dessen, ebenso die Schaffung von einem Unternehmensverbund, der als „Der Kommende Tag – Aktiengesellschaft zur Förderung wirtschaftlicher und geistiger Werte" firmierte, und zu dem in Württemberg und im Allgäu auch einige landwirtschaftliche Betriebe gehörten.

Was beabsichtigt war, beschrieb Rudolf Steiner einmal wie folgt:

„Der Kommende Tag ist gegründet worden, weil eingesehen worden ist, dass das heutige, gewöhnliche Bankwesen im Laufe des 19. Jahrhunderts allmählich ein schädigendes Element geworden ist in unserem Wirtschaftsleben. Darauf habe ich bei meiner letzten Anwesenheit auch an einem Studienabend hingewiesen. Ich habe gezeigt, dass etwa seit dem ersten Drittel des 19. Jahrhunderts das Geld im Wirtschaftsleben der modernen Zivilisation eine ähnliche Rolle spielt wie die abstrakten Begriffe in unserem Denken, dass es allmählich ausgelöscht hat alles konkrete Streben, dass es wie ein verdeckender Schleier sich hinüberlegt über das, was sich in wirtschaftlichen Kräften ausleben muss. Und daher entsteht heute die Notwendigkeit, etwas zu begründen, was nicht bloß eine Bank ist, sondern was die wirtschaftlichen Kräfte so konzentriert, dass sie zu gleicher Zeit Bank sind und zu gleicher Zeit im Konkreten wirtschaften. Also es besteht die Notwendigkeit, etwas zu begründen, was zusammenfasst wirklich konkretes Wirtschaften und die Organisation dieser Wirtschaftszweige, so wie sonst in einer Bank das Wirtschaftsleben zusammengefasst wird, aber ohne auf wirtschaftliche Verhältnisse Rücksicht zu nehmen, nur in abstrakter Weise. Das heißt, es wird hier im Kommenden Tag praktisch versucht, zu überwinden die Schäden des Geldwesens."[24]

Die „Oberaufsicht" der am Kommenden Tag beteiligten Landgüter hatte Rudolf Steiner „im Winter 1919/20" Carl Graf von Keyserlingk (1869–1928) übertragen[25], der in der Führung großer landwirtschaftlicher Betriebe erfahren war. Keyserlingk dachte unternehmerisch in großen Dimensionen und war es gewohnt, zusammenarbeitende Menschen in großer Zahl im Sinne eines gemeinsamen Ziels zu führen. Zugleich war er ernsthafter Anthroposoph mit vertrauensvoller Verehrung für Rudolf Steiner, mit dem er sich immer wieder bezüglich der unternehmerischen Belange beriet.

Ganz sicher repräsentiert Carl Graf von Keyserlingk jenen Quellgrund, der für eine umfassende Reformation der landwirtschaftlichen Betriebswirtschaft im Sinne der Anthroposophie steht. Die ökonomischen und sozialen Fragen beschäftigten ihn. Im Ergebnis sollte seiner Meinung nach eine erneuerte Landwirtschaft gerade in diesen Bereichen erfolgreich sein.

Auf dem Keyserlingk'schen Gut in Schlesien, das von Rudolf Steiner vor dem *Landwirtschaftlichen Kurs* zweimal (im Jahr 1922) besucht worden war, arbeiteten viele Menschen. Unter ihnen waren Erhard Bartsch (1895–1960), Student der Landwirtschaft, und Immanuel Voegele (1897–1959), die sich in einer Studiengruppe mit anthroposophischen Gesichtspunkten für die Landwirtschaft befassten. Im Auftrag von Carl Graf von Keyserlingk hatte Bartsch 1922 einen Fragenkatalog an Rudolf Steiner geschickt, der bemerkenswert ist, weil er „landschaftsästhetische Vorstellungen (Soll man eine Parklandschaft anstreben?) ebenso wie Ernährungsthemen (Wirkung von Vitaminen oder von einheimischen Nahrungsmitteln auf den Menschen)" einschließt.[26] Erhard Bartsch und Immanuel Voegele waren es auch, die schließlich im August 1922 Rudolf Steiner erstmals explizit um einen Kurs für Landwirte baten, der spätestens im November 1923 grundsätzlich zugesagt wurde und, wie bekannt, im Jahr 1924 dann auch zustande kam: „Der anthroposophischen Bewegung angehörende Landwirte haben aus der Erkenntnis der Lebensnotwendigkeiten ihres Berufes und dessen, was Anthroposophie für deren Erfüllung bedeutet, den lebhaften Wunsch zeitgemäß im geisteswissenschaftlichen Sinne auf ihrem Gebiet zu arbeiten. Der erste Schritt zur Verwirklichung dieses Zieles wäre wohl getan, wenn Sie, hochverehrter Herr Dr. Steiner, in einem Kursus oder einer Reihe von Vorträgen die für die Behandlung landwirtschaftlicher Fragen erforderlichen allgemeinen geisteswissenschaftlichen Grundlagen und speziellen Hinweise geben würden."[27]

Saatgut- und Ernährungsqualität

Ein weiterer Quellgrund der biologisch-dynamischen Landwirtschaft wurde vor allem durch den Landwirt Ernst Stegemann (1882–1943) repräsentiert, der Rudolf Steiner im Jahr 1906 erstmals begegnet war. Später pachtete Stegemann das Klostergut Marienstein bei Göttingen, das von ihm bereits ohne den Einsatz mineralischer Dünger bewirtschaftet wurde, und das Rudolf Steiner mehrmals besuchte.

Ein unkonventioneller, dem anthroposophisch Neuen gegenüber aufgeschlossener Ansatz in der Betriebsführung lag Stegemann nicht fern. Er folgte darin seinen eigenen Impulsen, die auch daraus hervorgingen, dass er sich große Sorgen wegen dem sich allgemein abzeichnenden Verfall der Qualität von Saatgut und Ernährung machte. Die Lage war damals bereits dramatisch: „Luzerne konnten früher bis zu 30 Jahren auf demselben Feld wachsen und geschnitten werden, dann 9 Jahre, dann 7 Jahre; zur Zeit der Fragestellung war man schon recht froh, sie noch 4 bis 5 Jahre zu halten. Früher konnte ein Bauer seinen eigenen Roggen, Weizen, Hafer, Gerste durch Jahre hindurch wieder als Saatgut verwenden. Jetzt mussten in kurzen Zeitabständen immer neue Sorten eingeführt werden. Es gab eine fast chaotische Vielzahl an Sorten, die nach wenigen Jahren wieder verschwanden.“ [28]

Schließlich wandte Stegemann sich (auch) mit diesem Anliegen ratsuchend an Rudolf Steiner, mit dem im Juni 1922 in Stuttgart ein ausführliches Gespräch zu dieser Thematik zustande kam. Konkret ging es Stegemann um die Frage: „Was ist zu tun, um den Zerfall der Saatgut- und Ernährungsqualität aufzuhalten?“ [29] Die Antwort, die er von Rudolf Steiner erhielt, war verblüffend und für Stegemann schicksalhaft. Rudolf Meyer – einer der ersten Priester der Christengemeinschaft und in dieser Eigenschaft damals in der Gemeinde in Breslau tätig und darum häufiger Gast im Hause Keyserlingk – erinnerte sich an den Bericht, den Stegemann ihm unmittelbar nach der Juni-Besprechung mit Rudolf Steiner gab:

„Ich erinnere mich noch, wie er nach diesem Gespräch in Stuttgart auf mich zukam und tief bewegt zu berichten begann, was ihm von nun an den Inhalt seines Lebens und Wirkens geben sollte. Denn um nichts Geringeres ging es, als die Züchtung neuer Getreidearten aus Gräsern, die ihm aufgegeben war. Rudolf Steiner hatte ihm, der nach dieser Richtung gewisse intimere Beobachtungen gemacht und seine Sorgen ausgesprochen hatte, geradezu gesagt, dass mit dem Ablauf des Kali-Yuga alle unsere Kulturpflanzen sich erschöpfen würden; es gehe darum, neue Arten zu züchten – und er gab ihm sofort die praktischen Anweisungen, wie z.B. aus einer bestimmten Grasart ein kräftiger Hafer gezogen werden könne, aus dem später ein gesundes Brot zu backen sei.“ [30]

Ernst Stegemann griff die Anregungen auf und machte sich an die Arbeit. Auf seinem Gut Marienstein gesellten sich alsbald viele weitere Menschen hinzu, mit denen Stegemann auch über die Arbeit an der „inneren Einstellung des Menschen“ im Sinne der Anthroposophie sprach. Es „fühlen sich eine ganze Reihe von Menschen angezogen, jüngere und auch ältere“, schrieb er 1924, wenige Wochen vor den Ereignissen in Koberwitz an Rudolf Steiner, „die erkennen, dass nur eine weiter vertiefte esoterische Einstellung der Menschen den weiteren Verfall unserer landwirtschaftlichen Kulturpflanzen hinauszuschieben vermag.“ [31]

Im Sinne der praktischen, landwirtschaftlichen Arbeit wurden auf Gut Marienstein ab 1923 Versuchsbeete angelegt. Auch mit der Bedeutung der Mondphasen für die Bestimmung der Aussaatzeiten beschäftigte man sich bereits. Bemerkenswert ist überdies, dass Stegemann im Frühjahr 1924 dem Vorstand in Dornach davon berichtete, dass auf Gut Marienstein zur Düngung von Hafergras „Kraft-Erde“ aus Kuhhörnern verwendet wird, die „seit April 1923 in der Erde vergraben sind.“ [32]

Gesundheit und Krankheit der Pflanzen und Tiere

Den dritten Quellgrund der biologisch-dynamischen Landwirtschaft prägten zu Beginn des 20. Jahrhunderts u.a. Ehrenfried Pfeiffer (1899–1961), Guenther Wachsmuth (1893–1963) sowie der Mediziner Dr. med. vet. Joseph Werr (1885–1954). Ihnen gemeinsam war das Interesse an Erscheinungen der Gesundheit und Krankheit der Pflanzen und Tiere, bzw. der darin wirkenden Ursachen und Bedingungen. Vor anthroposophischem Hintergrund ergaben sich ihnen Blickrichtungen, die, über die allgemein übliche Diagnostik und Therapie hinausführend, auch spirituelle Zusammenhänge berücksichtigen. Joseph Werr entwickelte daraus eine anthroposophische Veterinärmedizin, während Pfeiffer und Wachsmuth sich der allgemeinen biologischen Forschung annahmen.

Ein diesbezügliches Initialerlebnis hatte Ehrenfried Pfeiffer, der als junger Mann neben seinem Studium der Naturwissenschaften (in Basel) als Fahrer Rudolf Steiners tätig war, als er von diesem zum Thema der Pflanzenkrankheiten erfuhr, dass „nicht die Pflanze selbst primär krank sei, ‚da sie aus dem gesunden Ätherischen heraus gebildet würde', sondern die Umgebung, insbesondere der Boden könne erkranken. Man müsse die Ursache der sogenannten Pflanzenkrankheiten in den Verhältnissen des Bodens und der Gesamtumgebung suchen." [33] Dieser Hinweis eröffnete den Ausblick auf Zusammenhänge, die über den Leib eines erkrankten Wesens hinausführen. Pfeiffer fand in der darauf gerichteten Forschung seine Lebensaufgabe. Schon sehr bald gründete er gemeinsam mit Wachsmuth am Goetheanum ein „biologisches Forschungslaboratorium", dem Rudolf Steiner „Anweisung zu Forschung und Experiment auf dem Gebiet der biologischen Phänomene, der Lebensprozesse und Rhythmen, insbesondere auch in der Pflanzenzucht" gab. [34] Als Wachsmuth 1922 danach fragte, wie die gewonnenen Erkenntnisse für die praktische Landwirtschaft fruchtbar gemacht werden könnten, antwortete Rudolf Steiner mit Angaben für Präparate, die aus der Tier- und Pflanzenwelt zu gewinnen seien und die später im *Landwirtschaftlichen Kurs* einem breiteren Publikum vorgestellt wurden:

„Diese sollten in einer bestimmten Weise den Rhythmen der kosmischen und irdischen Kräfte im Sommer und Winter derart ausgesetzt werden, dass darin lebenfördernde Kräfte konzentriert bzw. angereichert würden, die dann in sehr feiner Verteilung, aber mit hoher dynamischer Wirkung in der landwirtschaftlichen Praxis gesundend angewandt würden.“ [35]

In Arlesheim hatte die Ärztin Ita Wegman (1876–1943) bereits 1921 eine kleine Klinik eröffnet, in der sie im Zusammenwirken mit Rudolf Steiner auch an der Entwicklung der anthroposophischen Medizin arbeitete. Um die Klinik mit guten Lebensmitteln versorgen zu können, und als Gelegenheit zur Rekonvaleszenz der Klinikpatient:innen hatte man zusätzlich den „Sonnenhof“ erworben (später wurde der Sonnenhof ein Lebensort für Kinder mit Assistenzbedarf). Im Zuge jener ersten, an Pfeiffer und Wachsmuth gerichteten Angaben für die Herstellung der Präparate wurde im Jahr 1923 im Garten des Sonnenhof das Hornmistpräparat hergestellt, das dort im Jahr 1924 im Beisein Rudolf Steiners zur Anwendung kam. [36]

Das Kapitel kurz und knapp:

- Aus drei Quellgründen ging die anthroposophisch erneuerte Landwirtschaft hervor: Sie betrafen (a) den landwirtschaftlichen Betrieb, (b) die Saatgut- und Ernährungsqualität und (c) die Gesundheit und Krankheit der Pflanzen und Tiere. Sie sind bis heute als unterschiedliche „Richtungen" in der biologisch-dynamischen Landwirtschaft erlebbar.
- Der erste Quellgrund bezieht sich auf eine umfassende Reformation der landwirtschaftlichen Betriebswirtschaft. Die ökonomischen und sozialen Fragen stehen im Vordergrund.
- Der zweite Quellgrund bezieht sich auf Lösungen für das Problem der abnehmenden Saatgut- und Ernährungsqualität. Die ökologischen Fragen stehen im Vordergrund.
- Der dritte Quellgrund ist verbunden mit dem Interesse an Erscheinungen der Gesundheit und Krankheit der Pflanzen und Tiere. Es geht um ein anthroposophisches Verständnis der Hintergründe und Zusammenhänge.

2.2 Präludium: Vorgeschichte und Übersicht

Der Landwirtschaftliche Kurs, *mit dem die biologisch-dynamische Landwirtschaft begründet wurde, dauerte nur wenige Tage, an denen ein großes Themenspektrum in außerordentlich dichter Weise behandelt wurde. Damit war ein umfangreiches Forschungsfeld aufgetan, das bis heute noch nicht voll erschlossen ist. Zugleich wurde der Anfang für eine Bewegung gemacht, die sich in den vergangenen Jahrzehnten weltweit ausgebreitet und etabliert hat. Um die Erarbeitung der inhaltlichen Grundlagen, wie sie seinerzeit in Koberwitz erstmals vorgestellt wurden, zu erleichtern, wollen wir zunächst eine Übersicht geben, die in konzentrierter Form wiedergibt, was wir später (→ 3.1 bis 3.4) anhand der Vorträge des Kurses weiter ausbreiten werden.*

Zur Vorgeschichte

Der unmittelbare zeitgeschichtliche Hintergrund wurde zu Beginn des 20. Jahrhunderts durch gewaltige Veränderungen bestimmt, die auch die Landwirtschaft betrafen. Daraus ergaben sich in den verschiedensten Lebensbereichen Entwicklungen alternativer und komplementärer Sichtweisen und Handlungsmodelle. Das Bewusstsein für die ökologische Verantwortung des Menschen dämmerte auf, ebenso das für Weltbilder, die über die materielle Außenseite des Lebens hinausreichen. Eine spirituell getragene Naturverbundenheit war für manche Menschen die Folge. Daraus ergab sich auch der *Landwirtschaftliche Kurs*.

Den entscheidenden Handlungsansatz für das Zustandekommen der Ereignisse von Koberwitz kann man darin erkennen, dass – wie wir gesehen haben – zunächst vergleichsweise wenige Menschen innerhalb der Anthroposophischen Gesellschaft nach Möglichkeiten der Erneuerung der Landwirtschaft suchten. Auch weil man erlebt hatte, dass durch den Rat und die Hilfestellungen Rudolf Steiners in manchen Lebensbereichen solche Erneuerungen aus dem Geist der Anthroposophie bereits erfolgreich eingeleitet worden waren, erhoffte man sich das Gleiche für die bäuerlichen Belange: Wie lässt sich ein anderer praktischer Umgang mit der Welt im Sinne einer Erneuerung der Landwirtschaft entwickeln?

Um die ganze Dimension der Fragestellung erfassen zu können, ist es gut, wenn man sich vor Augen führt, dass es das, was heute als „Bio" weithin bekannt ist damals so noch nicht gab. Was in Koberwitz schließlich als biologisch-dynamische Landwirtschaft veranlagt wurde, war seinerzeit noch absolut neu! Manches davon wurde später in den mittlerweile entstandenen Bioverbänden adaptiert. Der Schutz und die Pflege der natürlichen Lebensgrundlagen durch Beachtung von Pflanzen- und Tierwohl sind in der biologischen Landwirtschaft selbstverständlich. Die biologisch-dynamische Landwirtschaft geht darüber aber noch hinaus, indem sie auch die Erde selbst als lebendigen Organismus versteht. (→ Band 1: 1.2) Auch werden nicht nur die Einflüsse von Sonne und Mond beachtet, sondern ebenso die der anderen Himmelskörper. Es ist eine grundsätzlich holistische Sichtweise, die dem anthroposophischen Welt- und Menschenbild zugrunde liegt, und die den Ausgangspunkt für die landwirtschaftliche Erneuerung darstellt.

Es war Pfingsten, als man sich in Koberwitz bei Breslau auf dem Hofgut des Grafen von Keyserlingk versammelte. Etwa 130 Menschen nahmen am Kurs teil. Viele waren in irgendeiner Weise in der Land- und Gartenwirtschaft tätig, die anderen teilten das unbedingte Interesse am Thema. Von allen wurde erwartet, dass vorher Grundkenntnisse der Anthroposophie erarbeitet worden waren. Insofern handelte es sich um eine geschlossene Veranstaltung vor versiertem Publikum, anders wäre die Dichte in den Darstellungen und Gesprächen auch nicht zu erreichen gewesen. Sicherlich war es auch nicht unbedeutend,

Rudolf Steiner (links) und Carl Graf von Keyserlingk

dass eine größere Gruppe von Eurythmist:innen, die ein abendliches Vortragsprogramm Rudolf Steiners in Breslau begleiteten, und eine Reihe Priester der nicht lange vorher gegründeten Christengemeinschaft unter den Teilnehmer:innen waren. Rudolf Steiner hatte bei verschiedenen Fachkursen darauf Wert gelegt, dass Vertreter:innen anderer Berufsgruppen daran teilnahmen, um so die Vernetzung innerhalb der Anthroposophischen Gesellschaft zu fördern. Vielleicht lässt sich so auch die heterogene Teilnehmerschaft am *Landwirtschaftlichen Kurs* erklären.

Die Komposition

Die Ereignisse in Koberwitz lassen sich in einer ersten Übersicht im Sinne einer Komposition verstehen, die mit einem Eröffnungsvortrag für das ganze Auditorium begann. Daran anschließend gab es zwei zwischengeschaltete Veranstaltungen: eine besondere Zusammenkunft in kleinerem Kreis, die spirituellen Themen gewidmet war, und einen Vortrag für eine Gruppe junger Erwachsener. Man darf davon ausgehen, dass durch diese beiden Begegnungen, an denen viele teilnahmen, die auch den *Landwirtschaftlichen Kurs* besuchten, das Gesamtgeschehen des Kurses inhaltlich zusätzlich vorgeprägt worden war, zumal die dort angesprochenen Themen in den Vorträgen des Kurses ebenfalls auftauchen und weiter ausgeführt werden. (→ 2.4 und 2.5) Aus diesem Grund beziehen wir sie in unsere Übersicht zur Komposition mit ein.

So ergibt sich: Eine Einleitung zum *Landwirtschaftlichen Kurs* mit dem Eröffnungsvortrag (7. Juni 1924) und zwei Zusammenkünfte in kleineren Kreisen (8. und 9. Juni 1924), bevor der eigentliche Kurs mit sieben Vorträgen und vier Fragenbeantwortungen (10. bis 16. Juni) durchgeführt wurde.

Im ersten Band haben wir zusammengestellt, wie die sieben Vorträge des Kurses begonnen wurden. (→ Band 1: 4.4) Dadurch ergab sich eine erste, grobe Übersicht, die sich erweitern lässt, wenn nicht nur der Anfang und sondern auch das Ende der durch Rudolf Steiner zwischen dem 10. und 16. Juni 1924 gehaltenen Vorträge berücksichtigt wird. Kurz zusammengefasst ergibt sich sodann:

1. Kursvortrag: Hoforganismus und landwirtschaftliche Individualität. Die Dinge formenhaft durchschauen.
2. Kursvortrag: Kosmische Kräfte wirken in und durch die Stoffe der Erde. Stickstoffartiges in die Pflanzenwelt bringen.
3. Kursvortrag: Große Zusammenhänge betrachten, um den Geist in der Natur zu verstehen. Vom Menschen ausgehen.
4. Kursvortrag: Lebendiges im Lebendigen halten: Düngung. Kompostpräparate. Baldrian.
5. Kursvortrag: Schädlinge und Krankheiten verstehen. Die Natur ist ein Ganzes. Den Weg zum Makrokosmos finden.

6. Kursvortrag: Die Naturwesen sind in Wechselwirkungen verbunden. Wälder und Strauchwerk der Erde als Regulatoren für das Pflanzenwachstum.

7. Kursvortrag: Bestimmte Maßnahmen können individualisiert werden. Nützliche Arbeit soll aus dem *Landwirtschaftlichen Kurs* resultieren. Die Bedeutung der Anthroposophie.

Wir werden diese Übersicht später (→ 3.1 bis 3.4) noch erweitern, indem wir aus den Vorträgen zentrale Motive auswählen und betrachten. Auf die vier Fragenbeantwortungen gehen wir im dritten Band genauer ein. Jetzt wollen wir uns zunächst noch eine andere Übersicht erarbeiten, die sich auf die Kernthemen des Kurses bezieht.

Kernthemen

Will man verstehen, worum es in der biologisch-dynamischen Landwirtschaft vor allem geht, werden die durch Rudolf Steiner in Koberwitz gehaltenen Vorträge und die mittlerweile reichhaltige Sekundärliteratur geeignete Quellen sein. Dennoch ist das ganze Themenfeld so groß, dass eine erste komprimierte Übersicht für den Einstieg und eine anfängliche Orientierung hilfreich ist.

Eine solche Übersicht hat Rudolf Steiner selbst gegeben, als er aus Koberwitz nach Dornach zurückgekehrt war. Wegen der gebotenen Kürze musste er sich darauf beschränken, Kernthemen der erneuerten Landwirtschaft zu benennen, und darauf, wie diese in Koberwitz mit dem „Allgemein-Anthroposophischen" verbunden wurden: „Ich bin eben zurückgekommen von der Reise nach Breslau-Koberwitz, die ja vor allen Dingen diesmal einem bestimmten Ziel gedient hat; aber das spezielle Ziel war verbunden mit einem ganz Allgemein-Anthroposophischen." (B1)

Im Bericht wurden vor allem sechs Kernthemen hervorgehoben: (a) Die Düngung, (b) die abnehmende Qualität der Lebensmittel,

(c) Kräfte müssen aus dem Geist geholt werden, (d) das höchst Spirituelle soll mit dem ganz Praktischen verbunden werden, (e) am Pflanzenwachstum ist der ganze Himmel mit seinen Sternen beteiligt und (f) wie Ernährung geschieht. In knapper Form war damit angedeutet, worum es in der biologisch-dynamischen Landwirtschaft bis heute vor allem geht. Schauen wir es uns darum – ergänzt mit kurzen Blicken in die Kursvorträge – jetzt im Einzelnen etwas genauer an.

- Die Düngung:

„Bei dem landwirtschaftlichen Kursus handelte es sich dann darum, zunächst zu entwickeln, welches die Bedingungen des Gedeihens der verschiedenen Gebiete der Landwirtschaft sind. Da gibt es ja außerordentlich interessante Gebiete, Pflanzenwachstum, Tierzucht, Waldwirtschaft, Gartenwirtschaft und so weiter. Dann dasjenige, was zum Allerinteressantesten gehört, die Geheimnisse des Düngens, die außerordentlich wirkliche Geheimnisse sind." (B9)

Die wichtigsten Aussagen zur Düngung im Sinne der biologisch-dynamischen Landwirtschaft finden sich im vierten und fünften Vortrag (12. und 13. Juni) des Kurses,[37] wofür vor allem gilt: „Man muss wissen, dass das Düngen in einer Verlebendigung der Erde bestehen muss." (4,13) Die Düngung beschränkt sich demnach nicht nur auf die Zufuhr chemischer Stoffe, sondern rechnet – darüber hinaus – mit einer Stärkung der Lebenskräfte. Dieser Aspekt wird im fünften Vortrag (13. Juni) deutlich hervorgehoben, insofern für die Kuhhornpräparate ausgeführt wird, „wie wir dadurch dem Dünger Wirkungen zusetzen, dasjenige zusetzen, was an Kräften beigesetzt werden muss, damit wir dem Dünger, der abgesondert von dieser homöopathischen Düngung verwendet wird, in der richtigen Weise an seine Stelle gebracht wird, in seiner Wirkung zu Hilfe kommen. Aber in der mannigfaltigsten Art und Weise muss einmal versucht werden, dem Dünger wirklich die rechte Lebendigkeit zu geben, die Konsistenz zu geben, dass er von selber soviel Stickstoff, soviel von den anderen Stoffen behält, als er braucht, ihm die Tendenz zu geben zur Lebendigkeit, die ihn dann wieder befähigt, der Erde die entsprechende Lebendigkeit zuzuführen.“ (5,16) Man kann das Gemeinte – ähnliches gilt für die anthroposophische Medizin – als Ergänzung (Komplement) verstehen, die darauf gerichtet ist, die in allem Lebendigen gegenwärtigen ätherischen Kräfte zu stärken. Dies leitet unmittelbar zur Ernährungsfrage über.

- Die abnehmende Qualität der Lebensmittel:

„Für alles dieses wurden zunächst die Prinzipien, die Zusammenhänge entwickelt, die ja deshalb in der gegenwärtigen Zeit ganz besonders bedeutsam erscheinen, weil ja, so sehr man es glauben mag oder nicht, gerade die Landwirtschaft unter der materialistischen Weltanschauung am allermeisten von rationellen Prinzipien abgekommen ist. Und die wenigsten Menschen wissen ja, dass im Laufe der letzten Jahrzehnte sich innerhalb der Landwirtschaft das ergeben hat, dass alle Produkte, von denen der Mensch eigentlich lebt, degenerieren, und zwar in einem außerordentlich raschen Maßstab degenerieren.“ (B10)

Zur Qualität der Nahrungsmittel finden sich im *Landwirtschaftlichen Kurs* zahlreiche Ausführungen.[38] Für ihr Verständnis ist zu berücksichtigen, was über die bloß materielle Außenseite hinausreicht. Es geht bei den Nahrungsmitteln nämlich immer auch um ätherische und astralische Kräfte, die mit dem Physischen verbunden sind. (→ Band 1: Kapitel 2.3) Diese Kräfte sind wiederum mit dem Ganzen der Erde und des Kosmos verbunden. Wenn es dann um die Nahrungsmittel für den Menschen geht, wird als Analogie der Prozess des Düngens beschrieben, bei dem es darauf ankommt, „dem Boden einen gewissen Grad von Lebendigkeit zu erteilen“ (4,17) und anzuregen, dass das Lebendige sinnvoll an die entsprechenden Strukturen getragen wird. Dieser Vorgang findet im menschlichen Leib im Ernährungsprozess ebenso statt: „Namentlich müssen wir diesen Prozess, den wir da der Erde mitteilen, deshalb in uns haben, damit wir in der entsprechenden Weise die Nahrungsmittel zu der Regsamkeit anleiten, von der ich Ihnen gesprochen habe, dass sie da sein muss. Zu dieser Regsamkeit regen wir aber auch den Boden an, wenn wir ihn in der beschriebenen Weise behandeln. Und wir bereiten dadurch den Boden so, dass er uns das erzeugen kann, bei dem es besonders gut ist, wenn es aufgezehrt wird zum Beispiel von den Tieren, so dass sie unter seiner weiteren Einwirkung innere Regsamkeit entwickeln, den Körper innerlich rege machen." (4,21) Und an anderer Stelle: „Man muss die Erde direkt beleben, und das kann man nicht, wenn man mineralisierend vorgeht, das kann man nur, wenn man mit Organischem vorgeht, das man in eine entsprechende Lage bringt, so dass es organisierend, belebend auf das Feste, Erdige selber wirken kann." (5,8) Es geht also – bei der Düngung und bei der Ernährung – nicht nur um Substanzen, sondern zugleich auch um lebendige Kräfte.

- Kräfte aus dem Geist holen:

„Also es handelt sich dabei durchaus um eine Frage, die im allereminentesten Sinne eine, ich möchte sagen, kosmisch-irdische Frage ist. Gerade bei der Landwirtschaft zeigt es sich, dass aus dem Geiste heraus Kräfte geholt werden müssen, die heute ganz unbekannt sind, und die nicht nur die Bedeutung haben, dass etwa die Landwirtschaft ein bisschen verbessert wird, sondern die die Bedeutung haben, dass überhaupt das Leben der Menschen – der Mensch muss ja von dem leben, was die Erde trägt –, eben weitergehen könne auf Erden auch im physischen Sinne." (B13)

Liest man im *Landwirtschaftlichen Kurs*, wird schnell deutlich, dass und wie Rudolf Steiner selbst aus einer bestimmten, spirituellen Weltsicht sprach. Seine Ausführungen sind ein direktes Beispiel für all das, was er den Teilnehmer:innen als Methode zum Verständnis und zur weiteren Entwicklung der biologisch-dynamischen Landwirtschaft empfahl: Es kommt darauf an, die landwirtschaftliche Tätigkeit aus einer ganzheitlichen Einstellung so zu betreiben, dass in allen praktischen Belangen die geistigen Zusammenhänge berücksichtigt werden. Auf diese Weise kommt Anthroposophie zur direkten Anwendung.

„Sehen Sie, man muss schon Einsichten haben auf den verschiedensten Gebieten des landwirtschaftlichen Lebens über die Wirkungsweise des Stofflichen, der Kräfte und auch über die Wirkungsweise des Geistigen, wenn man die Dinge in der richtigen Weise behandeln will. Das Kind, solange es nicht weiß, wozu ein Kamm ist, beißt hinein, verwendet ihn ganz im stillosen, unmöglichen Sinne. Und so wird man auch die Dinge im stillosen, unmöglichen Sinne verwenden, wenn man nicht weiß, was ihr Wesen ist, wie sich eigentlich die Sache bei denen verhält, auf die es ankommt." (4,8)

Die Anwendung dieser Methode zieht sich durch alle Vorträge und Fragenbeantwortungen des Kurses.[39] Vor allem im dritten Vortrag (11. Juni) finden sich viele Ausführungen, die sich auf das Wesen der Stoffe und die chemischen Prozesse beziehen. Interessant ist überdies, wie der Mensch selbst über seine innere Verfasstheit und Einstellung einen Einfluss auf seine Mitwelt ausübt. Am Beispiel des Rührens wird dieser Aspekt der menschlichen Arbeit für die Landwirte beschrieben, indem Rudolf Steiner sie mit der therapeutischen Wirkung des Arztes vergleicht und hervorhebt, dass der Mensch durch die entsprechende innere Beteiligung große Wirkungen hervorrufen kann. (F1,2) In gleicher Weise wird sogar von der Wirkung der Pflanzen gesprochen. Das Beispiel der Brennnessel ist dafür sehr eindrücklich:

„Auch die Brennnessel trägt in sich dasjenige, was das Geistige überallhin einordnet und verarbeitet [...] Die Brennnessel verdient es eigentlich durch ihre Güte gar nicht, dass sie da draußen oftmals so verachtet in der Natur wächst. Sie müsste eigentlich den Menschen ums Herz herum wachsen, denn sie ist wirklich in der Natur draußen in ihrer großartigen Innenwirkung, ihrer inneren Organisation eigentlich ähnlich demjenigen, was das Herz im menschlichen Organismus ist." (5,31)

Insgesamt lässt sich bald unschwer erkennen, dass die gemeinte ganzheitliche Weltsicht zu einem entsprechend anderen Umgang mit den Aufgaben des praktischen Lebens führt. Für das Zusammenleben und -arbeiten des Menschen mit der Erde, den Pflanzen und den Tieren entsteht eine Aufmerksamkeit, auf die es in der spirituell erneuerten Landwirtschaft besonders ankommt.

- Das höchst Spirituelle mit dem ganz Praktischen verbinden:

„Denn man sieht, es kann auf anthroposophischem Gebiete von beiden Seiten her, von dem höchst Spirituellen und von dem ganz Praktischen, von beiden Seiten her kann mitgewirkt werden. Und eigentlich erst dann wird richtig gewirkt, wenn diese beiden Seiten etwas ineinander verweben und miteinander in vollste Harmonie gebracht werden.

Die Fehler, die da im anthroposophischen Wirken sehr leicht entstehen können, die entstehen ja eben gerade dadurch, dass auf der einen Seite dasjenige, was spirituell ist, nicht ins wirkliche Leben übergeht, dass es eine Art Theorie, oder eine Art, ich möchte sagen, Glaube an Worte bleibt, nicht einmal an Gedanken, sondern Glaube an Worte bleibt, dass auf der anderen Seite wiederum nicht die Einsicht in richtiger Weise beizubringen ist, dass in das unmittelbar praktische Handhaben das Spirituelle wirklich eingreifen kann." (B39 und 40)

Es ist nicht zu unterschätzen, was als Erneuerung der Landwirtschaft aus spirituellen Grundlagen in Koberwitz begonnen wurde. Die Richtung, in die sich die Entwicklung der konventionellen Landwirtschaft seit dem Ende des 19. Jahrhunderts durch die zunehmende Industrialisierung zu entwickeln begann, erforderte schon damals eine dringende Korrektur. Heute sieht man das deutlicher als seinerzeit, nicht nur wenn man der Schäden gewahr wird, die durch die rücksichtslose Ausbeutung der Erde und der Lebewesen angerichtet wurden und werden, sondern auch hinsichtlich der verlorengegangenen Qualität der Nahrungsmittel. Diesen Resultaten wurde in Koberwitz durch eine völlig neue Methode begegnet, die nicht gegen die Natur gerichtet ist, sondern dem Leben der Biosphäre mit dem größten partnerschaftlichen Respekt begegnet. Für die Anthroposophie ergab sich daraus eine weitere Tochterbewegung (→ Band 1: 4.1), in der die Ergebnisse der Geisteswissenschaft praktisch angewendet werden[40]: „Ich kann in all diesen Dingen Angaben geben, aus denen Sie sehen können, sie können der Ausgangspunkt sein, diese Dinge in wirklicher Praxis anzuwenden, richtig in Praxis anzuwenden." (6,15)

Um den Ausgangspunkt der biologisch-dynamischen Landwirtschaft etwas genauer verstehen zu können, haben wir uns bereits mit der goetheanistischen, ganzheitlichen Erkenntnistheorie befasst (→ Band 1: 3.1). Wir haben gesehen, dass dadurch Zusammenhänge und Kräfte in den Blick geraten, die über die materielle Außenseite hinausgehen. Im *Landwirtschaftlichen Kurs* spielt das immer wieder eine Rolle, so beispielsweise im siebten Vortrag, wenn von „naturintimeren Wechselwirkungen" die Rede ist:

„Es finden ja außer diesen groben auch durch feinere Kräfte und auch durch feinere Substanzen, durch Wärme, durch in der Atmosphäre fortwährend wirkendes Chemisch-Ätherisches, durch Lebensäther, fortwährend Wechselwirkungen statt. Und ohne dass man diese feineren Wechselwirkungen berücksichtigt, kommt man für gewisse Teile des landwirtschaftlichen Betriebes nicht vorwärts. Wir müssen namentlich auf solche, ich möchte sagen, naturintimeren Wechselwirkungen hinschauen, wenn wir es zu tun haben mit dem Zusammenleben von Tier und Pflanze innerhalb des landwirtschaftlichen Betriebes." (7,4)

Solche Wirkungen treten nie unabhängig von den jeweiligen, vor Ort gegebenen konkreten Bedingungen auf. Auch darum wird jeder landwirtschaftliche Betrieb als Individualität verstanden. Alle Richtlinien sind unter dieser Voraussetzung nicht bis in letzte Konsequenz zu verallgemeinern, sondern werden für die unterschiedlichen Betriebe den verschiedenen Gegebenheiten gemäß angepasst: „Denn sehen Sie, wenn ich nur eines anführe – mehrfach wurde es in diesen

Tagen vom Grafen Keyserlingk und mir besprochen –, ein Gut ist ja immer in dem Sinne eine Individualität, dass es wirklich niemals das gleiche ist wie ein anderes Gut. Klima, Bodenverhältnisse geben die allerunterste Grundlage zur Individualität eines Gutes. Ein Gut in Schlesien ist nicht so wie in Thüringen oder Süddeutschland. Das sind wirklich Individualitäten. Nun haben gerade nach anthroposophischer Anschauung Allgemeinheiten, Abstraktionen, überhaupt gar keinen Wert, und sie haben am allerwenigsten Wert, wenn man in die Praxis eingreifen will.“ [41]

Dieses Postulat, dass jeder landwirtschaftliche Betrieb eine Individualität ist, lässt sich hinsichtlich der unterschiedlichen äußeren Bedingungen, die es immer zu berücksichtigen gilt, gut nachvollziehen. Es schwingt bei dieser Aussage aber noch etwas anderes mit, denn eine Individualität ist im Sinne der Anthroposophie immer ein konkretes geistiges Wesen. Versteht man es so, wird der Blick wiederum weit über die materiell erscheinende Außenseite der Welt hinaus geweitet und etwas „höchst Spirituelles mit dem ganz Praktischen“ verbunden.

- Am Pflanzenwachstum ist der ganze Himmel mit seinen Sternen beteiligt:

„Dass man in diesen Dingen einmal richtig schaut, richtig sieht, das ist von einer ungeheuren Bedeutung. Ich habe es auch hier öfter gesagt, wenn einer eine Magnetnadel hat, die immer eine ganz bestimmte Richtung einnimmt, die eine Spitze nach dem magnetischen Nordpol, die andere Spitze nach dem magnetischen Südpol, so würde man ihn für kindisch halten, wenn er sagen würde, in der Magnetnadel drinnen liegen die Gründe, warum die eine Spitze immer nach Norden, die andere Spitze immer nach dem Süden zeigt. Man sagt, hier ist die Erde, da ist die Magnetnadel; warum zeigt die Magnetnadel mit der einen Spitze nach Norden, mit der anderen Spitze nach Süden? weil hier ein magnetischer Nordpol, hier ein magnetischer Südpol ist; der richtet die Richtung der Magnetnadel nach der einen und nach der anderen Seite. Die

ganze Erde nimmt man zu Hilfe, um die Richtung der Magnetnadel zu erklären. Man geht aus der Magnetnadel heraus. Man würde den für kindisch halten, der meinte, dass die Ursache dafür in der Magnetnadel liege.

So kindisch ist man aber, wenn man glaubt, dass dasjenige, was die heutige Wissenschaft in unmittelbarer Nähe der Pflanzen oder in der unmittelbaren Umgebung konstatiert, von dem abhänge, was man da anschaut. Am Pflanzenwachstum ist der ganze Himmel mit seinen Sternen beteiligt! Das muss man wissen. Das muss in die Köpfe wirklich nun einmal hineinkommen. Man muss sich sagen können, es ist ebenso kindisch, in der heutigen Art Botanik zu treiben, wie es kindisch wäre, über die Magnetnadel so zu reden, wie ich es heute angedeutet habe." (B47 und 48)

Für die biologisch-dynamische Landwirtschaft ist charakteristisch, dass nicht nur die Einflüsse von Sonne und Mond beachtet werden, sondern auch die der anderen Himmelskörper. Um sich dem Verständnis dieser zunächst ungewöhnlich anmutenden Praxis nähern zu können, lässt sich bedenken, dass es sehr unwahrscheinlich wäre, dass der Kosmos in seiner Gänze ohne Einfluss auf das Leben der Erde ist. Unter dieser Voraussetzung würde es folglich darum gehen, Einflüsse zu erforschen und zu studieren, die im Rahmen einer reduktionistischen Wissenschaft nicht, oder noch nicht (ausreichend) berücksichtigt werden, denn wenn etwas mit ihren Methoden nicht nachweisbar ist, muss das schließlich nicht bedeuten, dass es das nicht gibt.

Im Sinne der Anthroposophie wird die Welt ganzheitlich gesehen. Es wird davon ausgegangen, dass nichts ohne Verbindung und Einfluss auf alles ist. (→ Band 1: 1.2) Dieses Verständnis liegt auch den Ausführungen im *Landwirtschaftlichen Kurs* zugrunde. Was den Einfluss kosmischer Kräfte auf das Pflanzenwachstum betrifft, beschreibt Rudolf Steiner, dass kosmische Kräfte von der Erde aufgenommen und an die Pflanzen weitervermittelt werden. (6,3) Und eben dieser Prozess wird durch die biologisch-dynamische Landwirtschaft gefördert und gepflegt: „Nun, aus alledem geht hervor, dass für die Beurteilung des ganzen Pflanzenwachstums sozusagen das ABC dieses ist, dass man immer sagen kann: was ist an einer Pflanze kosmisch, was ist an einer Pflanze terrestrisch, irdisch? Wie kann man den Erdboden durch seine besondere Beschaffenheit geneigt machen, das Kosmische, ich möchte sagen, dichter zu machen und es dadurch mehr an der Wurzel und dem Blatte zu erhalten? Wie kann man es dünner machen, so dass es in seiner Dünnheit hinaufgesogen wird bis in die Blüten und diese färbt oder bis in die Fruchtbildung und diese mit einem feinen Geschmack durchzieht?" (2,31)

Verfolgt man die zahlreichen, im Kurs gegebenen Erläuterungen zum Thema des Pflanzenwachstums[42] fällt auf, dass Rudolf Steiner von den nichtmenschlichen Wesen und ihrem Leben in vollem Respekt so spricht, dass sie als Subjekte voll anerkannt werden. So ist beispielsweise von einem „Erleben" der Pflanzenwurzeln im Erdboden die Rede: „Und dasjenige, was die Wurzeln der Pflanzen erleben im Erdboden, ist zum gar nicht geringen Teil eben davon abhängig, inwiefern das kosmische Leben und der kosmische Chemismus auf dem Umwege durch das Gestein – was daher auch durchaus in gewissen Tiefen der Erde sein kann – aufgefangen werden." (2,9) Auch dies ist ein Ausdruck vom uneingeschränkt holistischen Weltverständnis, wie es in der Anthroposophie veranlagt ist.

Wie kosmische Kräfte in das Leben auf Erden hineinwirken, wird exemplarisch unter anderem dargestellt, wenn es um den Zusammenhang des Wassers mit dem Mond geht. Interessant ist überdies, welche praktischen Ratschläge damit verbunden werden: „Das Wasser birgt vieles andere noch als bloß dasjenige, was dann chemisch als Sauerstoff und Wasserstoff erscheint. Wasser ist im eminentesten Sinne dazu geeignet, denjenigen Kräften, die zum Beispiel vom Monde kommen, die Wege zu weisen im Erdenbereiche, so dass das Wasser die Verteilung der Mondenkräfte im Erdenbereiche bewirkt. […] Wir werden also zu sprechen haben davon, ob es eine Bedeutung hat, wenn wir Samen aussäen, nachdem in einer gewissen Beziehung Regen gefallen ist und darauf Vollmondschein kommt, oder ob man gedankenlos zu einer jeden Zeit aussäen darf. Gewiss, herauskommen wird auch dann etwas, aber die Frage ist aufgeworfen: Ist es gut, sich zu richten mit der Aussaat nach Regen und Vollmondschein? – weil eben dasjenige, was der Vollmond tun soll, bei gewissen Pflanzen wuchtig und stark nach Regentagen, schwach und spärlich nach Sonnenscheintagen vor sich geht." (1,28)

So ereignen sich fortwährend Wechselwirkungen zwischen der Erde und dem Kosmos (2,6), welche für die sogenannten „obersonnigen" und „untersonnigen" Planeten differenziert werden. Darauf kommen wir später noch genauer zurück. Dem Menschen in der Landwirtschaft wird es aufgegeben, sich damit in konkreter Anschauung zu befassen: „Die grünen Pflanzenblätter tragen in ihrer Form, in ihrer Dicke, in ihrer grünen Farbe Irdisches. Sie würden aber nicht grün sein, wenn nicht in ihnen auch die kosmische Kraft der Sonne lebte. Kommen Sie zur gefärbten Blüte, dann lebt nicht nur die kosmische Kraft der Sonne, sondern jene Unterstützung, die die kosmischen Kräfte der Sonne durch die fernen Planeten Mars, Jupiter, Saturn erhalten." (2,25) Wie das im einzelnen geschehen kann, haben wir bereits beschrieben, als wir uns mit der anthroposophischen Sinneslehre beschäftigten. (→ 1.2)

- Wie Ernährung geschieht:

„Die Leute glauben, Ernährung besteht darinnen, dass der Mensch die Substanzen seiner Umgebung isst. Er nimmt sie in den Mund herein; sie kommen dann in den Magen. Da wird ein Teil abgelagert, ein Teil geht weg. Dann wird der verbraucht, der abgelagert worden ist. Dann geht der auch weg. Dann wird das wieder ersetzt. In einer ganz äußerlichen Weise stellt man sich heute die Ernährung vor. So ist es aber nicht, dass mit den Nahrungsmitteln, die der Mensch aufnimmt durch seinen Magen, aufgebaut werden Knochen, Muskeln, sonstige Gewebemasse, – das gilt ausgesprochen ja nur für den menschlichen Kopf. Und alles dasjenige, was auf

dem Umwege durch die Verdauungsorgane in weiterer Verarbeitung im Menschen sich ausbreitet, das bildet nur das Stoffmaterial für seinen Kopf und für alles dasjenige, was im Nerven-Sinnes-System und dem, was dazu gehört, sich ablagert, währenddem zum Beispiel für das Gliedmaßensystem oder für die Organe des Stoffwechsels selber die Substanzen, die man braucht, also sagen wir, um Röhrenknochen zu gestalten für die Beine oder für die Arme, oder für Därme zu gestalten für den Stoffwechsel, für die Verdauung, gar nicht durch die durch den Mund und Magen aufgenommene Nahrung gebildet werden, sondern sie werden durch die Atmung und sogar durch die Sinnesorgane aus der ganzen Umgebung aufgenommen. Es findet fortwährend im Menschen ein solcher Prozess statt, dass das durch den Magen Aufgenommene hinaufströmt und im Kopfe verwendet wird, dass dasjenige aber, was im Kopfe, beziehungsweise im Nerven-Sinnes-System aufgenommen wird aus Luft und aus der anderen Umgebung, wiederum hinunterströmt, und daraus werden die Organe des Verdauungssystems oder die Gliedmaßen.

Wenn Sie also wissen wollen, woraus die Substanz der großen Zehe besteht, müssen Sie nicht auf die Nahrungsmittel hinschauen. Wenn Sie Ihr Gehirn fragen: Woher kommt die Substanz? da müssen Sie auf die Nahrung sehen. Wenn Sie aber die Substanz Ihrer großen Zehe, insofern sie nicht Sinnessubstanz, also mit Wärme und so weiter ausgekleidet ist – insofern wird sie auch durch den Magen ernährt –, sondern dasjenige, was sie außerdem an Gerüstesubstanz und so weiter ist, kennen wollen, so wird das aufgenommen durch die Atmung, durch die Sinnesorgane, ein Teil sogar durch die Augen. Und das geht alles, wie ich es ja öfter hier ausgeführt habe, durch einen siebenjährigen Zyklus in die Organe hinein, so dass der Mensch substantiell in Bezug auf sein Gliedmaßen-Stoffwechsel-System, das heißt die Organe, aufgebaut ist aus kosmischer Substanz. Nur das Nerven-Sinnes-System ist aus tellurischer, aus irdischer Substanz aufgebaut. Nun, sehen Sie, das ist eine so fundamental bedeutsame Tatsache, dass das physische Leben von Mensch und Tier überhaupt nur beurteilt werden kann, wenn das gewusst wird.“ (B50 und 51)

So wie kosmische Kräfte auf die Erde, und von dort auf die Pflanzen wirken, werden sie durch die Nahrung auch von Mensch und Tier aufgenommen (damit hatten wir uns eben schon befasst als es um die „Abnehmende Qualität der Lebensmittel" ging). Im Ernährungsprozess geht es also wieder um jene Kräfte, die über das Physische hinausreichen. Die Qualität der Nahrungsmittel beruht darauf, dass sie mit solchen „Lebenskräften" verbunden sind, worauf die Art und Weise, in der Landwirtschaft betrieben wird, einen entscheidenden Einfluss hat. Wenn die Vorstellung von solchen ätherischen Kräften zunächst Schwierigkeiten bereiten mag, kann man sich der gemeinten Vorstellung dennoch nähern, indem man bedenkt, dass Wachstums- und Lebensbedingungen immer einen prägenden Einfluss auf die jeweiligen Lebewesen haben, die sich schließlich sogar mit den Methoden der Lebensmittelchemie nachweisen lassen. Insgesamt gesehen kann kein Zweifel daran bestehen, dass heutzutage gravierende Qualitätseinbußen bei den industriell erzeugten und verarbeiteten Lebensmitteln zu verzeichnen sind, die zu großer Sorge Anlass geben. Rudolf Steiner beschrieb so gesehen seinerzeit in Koberwitz eine sich abzeichnende Entwicklung, die in den zurückliegenden Jahrzehnten tatsächlich zu den im *Landwirtschaftlichen Kurs* benannten Folgen führte. „Es ist im Laufe der Zeit manches durchaus zurückgegangen in seiner inneren Nährkraft. Die letzten Jahrzehnte zeigen das im eminentesten Sinne. Weil man gar nicht mehr versteht die intimeren Wirkungen, die im Weltenall wirkend sind und die doch wiederum gesucht werden müssen auf einem solchen Wege, wie ich ihn heute einleitend nur angedeutet habe." (1,33) Ebenso ist klar zu erkennen, dass die Produkte aus biologisch-dynamischem Anbau ein wirksames Gegengewicht dazu darstellen.

Eine beachtenswerte Besonderheit ist darin zu sehen, dass Rudolf Steiner nicht nur die Bedeutung der mit den Lebensmitteln verbundenen ätherischen Kräfte hervorhebt, sondern auch betont, dass und wie eben diese Kräfte für den Aufbau des Organismus von entscheidender Bedeutung sind. Diese Sichtweise hatte er erstmals 1923 in einem Vortrag in Penmaenmawr vorgestellt: „Der Mensch ist in der Tat aus dem ganzen Weltenall herausgeboren, und dieses ganze Weltenall lebt in seinem physischen, in seinem ätherischen, in seinem astralischen Leibe, und während des Erdendaseins am wenigsten noch im Ich. Aber all das ist in dem Menschen enthalten. All das wirkt und webt in seinem Innern. Wir tragen als Menschen die ganze Vergangenheit der Weltenentwickelung in uns, an der unzählige göttliche Geistgenerationen gearbeitet haben. Diese ganze Arbeit göttlicher Geistgenerationen, die tragen wir in dem Aufbau unserer Organe; die tragen wir in den Kräften, welche unsere Organe durchweben und durchleben; die tragen wir in uns, wenn die Kräfte unserer Organe aufblühen zu unseren Empfindungen und Gedanken. Wir tragen das Wirken in der ganzen Weltevolution, insofern es der Vergangenheit angehört, in uns."[43]

Das Kapitel kurz und knapp:

- Zunächst waren es nur ein paar Menschen, die innerhalb der anthroposophischen Bewegung die ersten Fragen nach einer erneuerten Landwirtschaft entwickelten. Damit wendeten sie sich ab 1920 ratsuchend an Rudolf Steiner.
- Sie übten sich darin, die Erde selbst als lebendigen Organismus zu erleben und Einflüsse von Sonne, Mond und anderer Himmelskörper auf das Leben zu verstehen. Das entspricht einer ganzheitlichen Sichtweise, die schließlich zur Grundlage der landwirtschaftlichen Erneuerung gemacht wurde.
- Der *Landwirtschaftliche Kurs* besteht aus einem Eröffnungsvortrag, zwei zwischengeschalteten Begegnungen in kleineren Kreisen und den eigentlichen sieben Kurs-Vorträgen.
- Es wurden sechs Kernthemen behandelt: (a) Die Düngung, (b) die abnehmende Qualität der Lebensmittel, (c) Kräfte müssen aus dem Geist geholt werden, (d) das höchst Spirituelle soll mit dem ganz Praktischen verbunden werden, (e) am Pflanzenwachstum ist der ganze Himmel mit seinen Sternen beteiligt und (f) wie Ernährung geschieht. Vor allem um diese Themen geht es in der biologisch-dynamischen Landwirtschaft bis heute.

2.3 Der Beginn

Motive aus dem Vortrag am 7. Juni 1924

Im Hinblick auf den durch Rudolf Steiner in Dornach gegebenen Bericht hatten wir sechs Kernthemen der biologisch-dynamischen Landwirtschaft benannt. (→ 2.2) Ähnlich wollen wir uns nun mit dem Eröffnungsvortrag vom Landwirtschaftlichen Kurs *und den beiden zwischengeschalteten Begegnungen befassen, indem wir aus den betreffenden Inhalten ebenfalls Kernthemen destillieren, um eine motivische Gesamtübersicht zu ermöglichen und Wesentliches zu erfassen. Damit soll natürlich keineswegs das genaue Studium der Kursnachschriften*[44] *ersetzt, sondern selbiges vielmehr angeregt und erleichtert werden.*

Landwirtschaft und Anthroposophie

Wenn Rudolf Steiner gleich zu Beginn seines Eröffnungsvortrags die „geistig-seelische Atmosphäre" lobt, die auf dem Keyserlingk'schen Gut herrscht, wenn er von der „ausgezeichneten und musterhaft betriebenen Landwirtschaft" und der für die anthroposophischen Arbeit „nötigen Empfindungsumgebung" (1,2 und 3) spricht, war das keineswegs bloß im Sinne einer höflichen Phrase gemeint. Vielmehr wird etwas für die biologisch-dynamische Landwirtschaft Wesentliches ausgedrückt, denn der landwirtschaftliche Betrieb wird darin nicht nur als Produktionsstätte, sondern als lebendiger Organismus mit allen dazugehörigen Eigenschaften und Funktionen verstanden. Dass dies mit der Landwirtschaft betreibende Person – in diesem Falle des Grafen von Keyserlingk – zu tun hat, ist für das Menschenbild im *Landwirtschaftlichen Kurs* (→1.1) exemplarisch. Der Mensch wirkt so, dass ein „landwirtschaftlicher Geist“ herangezogen wird, der im Falle des Gutes in Koberwitz „schon mit der anthroposophischen Bewegung verbunden“ ist. (1,4)

Nach dem Ende des Ersten Weltkriegs war der Versuch unternommen worden, die Soziale Dreigliederung (→ Band 1: 3.1) in einem Verbund von Wirtschaftsunternehmen praktisch umzusetzen. Damit war die Absicht verbunden gewesen, ein wirksames Gegengewicht zur einseitig kapitalistisch-egoistischen Ökonomie zu schaffen, die schon damals auch die Landwirtschaft zunehmend zu beherrschen begann. Dieser als „Der Kommende Tag“ bezeichnete Verbund war allerdings nach wenigen Jahren gescheitert und musste liquidiert werden. Mit ernsten Worten erinnerte Rudolf Steiner daran: „Gerade die Landwirtschaft ist ja auch in einer gewissen Weise betroffen, in ernstlicher Weise betroffen worden durch das ganze neuzeitliche Geistesleben. Sehen Sie, dieses ganze neuzeitliche Geistesleben hat ja insbesondere in Bezug auf den wirtschaftlichen Charakter zerstörerische Formen angenommen, deren zerstörerische Bedeutung von vielen Leuten heute noch kaum geahnt wird. Und solchen Dingen hat entgegenarbeiten wollen dasjenige, was in den Absichten lag der wirtschaftlichen Unternehmungen aus unserer anthroposophischen Bewegung heraus. Diese wirtschaftlichen Unternehmungen sind von Wirtschaftern und Kommerziellen geschaffen worden; allein sie haben es nicht vermocht, dasjenige, was eigentlich ursprüngliche Intentionen waren, nach allen Seiten hin zu verwirklichen, einfach auch schon aus dem Grunde nicht, weil in unserer Gegenwart allzuviele widerstrebende Kräfte da sind, um das rechte Verständnis für eine solche Sache hervorzurufen. Der einzelne Mensch ist vielfach den wirksamen Mächten gegenüber machtlos, und dadurch ist eigentlich nicht einmal bis jetzt das Allerursprüngüchste in diesen wirtschaftlichen Bestrebungen, die aus dem Schoße der anthroposophischen Bewegung hervorgegangen sind, es ist das Allerwesentlichste nicht einmal zur Diskussion gekommen.“ (1,7)

Die Begründung einer aus dem Geist der Anthroposophie heraus erneuerten Landwirtschaft sollte ein weiterer Anlauf in diese Richtung, also auch ein Beitrag zur Gesundung der Ökonomie und des geistigen Lebens im ganz allgemein verstandenen Sinne sein. Die „anthroposophischen Gesichtspunkte" werden dazu nicht aus alten, unsicher gewordenen Instinkten geschöpft, sondern es kommt an auf eine „starke Erweiterung der Betrachtung des Lebens der Pflanzen, der Tiere, aber auch des Lebens der Erde selbst, auf eine starke Erweiterung nach der kosmischen Seite hin." (1,13)

Die Erde und der Kosmos

Eines der Kernthemen der biologisch-dynamischen Landwirtschaft (→ 2.2) wird also bereits im Eröffnungsvortrag durch Rudolf Steiner deutlich angesprochen, dass nämlich alles Leben auf Erden mit dem Wirken kosmischer Kräfte verbunden ist. Es kommt darauf an, die „Wirkungen, die aus der ganzen Welt kommen" zu beachten, wofür, „trotz aller Wissenschaft der neueren Zeit, noch ein gewisser Instinkt vorhanden" (1,11) ist. Allerdings geht es nun darum, dieses alte, instinktive Wissen durch „tiefere geistige Einsicht" im Sinne der Anthroposophie zu ersetzen. Was das im Sinne der Erkenntnistheorie bedeutet, sahen wir bereits. (→ 1.3)

Jedenfalls wird auf solche Weise für die Landwirtschaft zugänglich, was hinter den chemisch-physischen Bestandteilen wirkt. Diese Wirkungen betreffen in erster Linie die Pflanzen, während Tier und Mensch bis zu einem gewissen Grad davon emanzipiert sind:

„Wir finden Erscheinungen im menschlichen und tierischen Leben, die uns zunächst heute ganz unabhängig erscheinen von der außerirdischen oder auch den unmittelbar die Erde umgebenden atmosphärischen und dergleichen Einflüssen. Das scheint nicht nur so, sondern ist sogar in Bezug auf vieles im menschlichen Leben außerordentlich richtig. Gewiss, wir wissen, dass durch gewisse atmosphärische Einflüsse die Schmerzen gewisser Krankheiten stärker werden. Wir wissen schon weniger, dass gewisse Krankheiten im Menschen so ablaufen, oder auch sonstige Lebenserscheinungen so ablaufen, dass sie in ihren Zeitverhältnissen nachbilden äußere Naturvorgänge. Aber sie stimmen in Anfang und Ende nicht mit diesen Naturvorgängen überein. Wir brauchen uns ja nur daran zu erinnern, dass eine der allerwichtigsten Erscheinungen, die weiblichen Menses, in ihrem Verlaufe zeitlich Nachbildungen sind des Verlaufes der Mondphasen, allein in Anfang und Ende stimmen sie nicht damit überein. Es gibt zahlreiche andere feinere Erscheinungen, sowohl im männlichen wie im weiblichen Organismus, welche Nachbildungen sind von natürlichen Rhythmen." (1,17)

Hinsichtlich des sozialen Lebens kann festgestellt werden, dass gewisse Ereignisse im Zusammenhang mit dem Auftreten von Sonnenflecken verstanden werden können, auch wenn sie zeitlich nicht mit ihnen zusammenfallen. Dennoch zeigen sich Periodizität und Rhythmus ihres Auftretens in den sozialen Phänomenen.

Wenn dann im Vortrag von der kosmischen Umgebung der Erde die Rede ist, wird gesagt, dass sie „umgeben im Himmelsraum von dem Mond und dann den anderen Planeten unseres Planetensystems" (1.20) ist. Wenn man sich diese Aussage in eine Vorstellung überführt, geht es nicht etwa nur um den jeweiligen begrenzten Himmelskörper, sondern um eine Hülle, die so groß ist wie seine Umlaufbahn. In diesem Bild befindet sich die Erde im Zentrum eines Gebildes aus verschiedenen, einander durchdringenden planetarischen Hüllen. Dass Rudolf Steiner stets vom „Weltenraum" spricht – also einem aus mehreren Welten konstituierten Raum – und nicht etwa nur vom „Weltraum", wird in diesem Sinne verständlich. Zugleich handelt es sich um eine sehr wichtige Vorstellung für das Verständnis der biologisch-dynamischen Landwirtschaft, für die beispielsweise der Mond oder die Sonne nicht nur weit von der Erde entfernte Himmelskörper sind, sondern die Erde vielmehr gleichsam in ihnen (und den anderen Planeten) existiert. Immer ereignet sich das Leben in diesem „Weltenraum".

Eine große Bedeutung für den Zusammenhang des planetarischen Lebens hat, so Rudolf Steiner, das Silizium, der „Kiesel", der in der anthroposophischen Medizin bei bestimmten Erkrankungen verwendet wird: „Ein ganzer Trakt von Krankheiten wird durch inneres Eingeben oder Baden mit Kieselsäure behandelt, weil fast alles das, was sich in Krankheitsfällen in abnormen Zuständen der Sinne zeigt, was nicht in den Sinnen selber liegt, sondern in den Sinnen zeigt, auch in den inneren Sinnen, was da oder dort in den Organen Schmerzen hervorruft, weil alles das in merkwürdiger Weise beeinflusst wird gerade von Silizium." (1,21) Auf die Pflanzenwelt übertragen sind es die Einflüsse von Mars, Jupiter und Saturn, die im „Kieseligen" leben und das Pflanzenwesen – besonders auch als Nahrungsmittel – für eben diese Kräfte aufschließen. Die Kräfte von Mond, Venus und Merkur wirken über den „Umweg des Kalkigen" und befähigen die Pflanze zur Fortpflanzung.

Das Auditorium mag seinerzeit von solchen Ausführungen zunächst überrascht gewesen sein, aber das Angeklungene sollte in den Vorträgen des Kurses bis hin zu praktischen Anwendungen noch vertieft werden: „Nun, das erscheint zunächst nur wie ein Gegenstand des Wissens. Aber solche Dinge, die von einem etwas weiteren Horizont hergenommen sind, führen ganz von selbst vom Erkennen auch zum Praktischen hin." (1,26) Im Eröffnungsvortrag wird beispielsweise im Hinblick auf die Kräfte des Saturn im Zusammenhang mit den Wärmekräften der Erde und den „Dauerpflanzen" schon einiges davon bis hin zur praktischen Anwendung ausgeführt. (1,31–33)

Das Kapitel kurz und knapp:

- Der landwirtschaftliche Betrieb wird nicht nur als Produktionsstätte, sondern als lebendiger Organismus mit allen dazugehörigen Eigenschaften und Funktionen verstanden.
- Die aus dem Geist der Anthroposophie heraus erneuerte Landwirtschaft soll ein Beitrag zur Gesundung der Ökonomie und des geistigen Lebens im ganz allgemein verstandenen Sinne sein.
- Es gilt zu beachten, dass alles Leben auf Erden mit dem Wirken kosmischer Kräfte verbunden ist. Die Erde existiert in einer kosmischen Umgebung, dem „Weltenraum".
- Im Silizium (der „Kiesel") sind die Einflüsse von Mars, Jupiter und Saturn gegenwärtig. Die Kräfte von Mond, Venus und Merkur wirken über den „Umweg des Kalkigen" und befähigen die Pflanze zur Fortpflanzung.

2.4 Spirituelle Aspekte

Motive aus der Zusammenkunft am 8. Juni 1924

Eine Verbindung der menschlichen Arbeit an der Erde mit spirituellen Vorstellungen, Riten und Gebräuchen gab es in allen Zeiten und Kulturen. In gewisser Weise ließe sich sogar sagen, dass sich die Ursprünge des Religiösen überhaupt in der landwirtschaftlichen Tradition finden lassen. In den Zeiten der Industrialisierung ging das Bewusstsein dafür weitgehend verloren, während heutzutage in den verschiedensten Berufen Übungen der Besinnung, der Einkehr und Achtsamkeit wiederum nichts Ungewöhnliches mehr sind. Ein meditatives Leben in der Landwirtschaft kann im Rahmen dieser Entwicklungen verstanden werden. Rudolf Steiner machte es zu einem der zentralen Anliegen der anthroposophisch erneuerten Landwirtschaft.

Landwirtschaft und Meditation

Besonders in den Jahren von 1919 bis 1924 wurden anthroposophische Sichtweisen mit den unterschiedlichsten Berufsfeldern verbunden. (→ Band 1: 4.1) Dabei wurden immer auch spirituelle Aspekte mit einbezogen, und zwar, indem spezielle Meditationen vorgeschlagen wurden, mit denen sich die Berufstätigen eigene Grundlagen für ein anthroposophisches Verständnis ihrer Aufgaben aus der Einsicht in die Verbindung der geistigen und physischen Welt erarbeiten können. Das gilt auch für den *Landwirtschaftlichen Kurs.*

Immer sind es also zwei Quellen der Erkenntnis, die in den anthroposophischen Berufen eine Rolle spielen, nämlich die Wissenschaft und die Spiritualität. Bezüglich der Landwirtschaft sind das zunächst die Hinweise, die sich aus der von „außen" kommenden Erfahrung, Forschung und Beratung ergeben (inklusive der besonderen biologisch-dynamischen Vorgaben). Darüber hinaus wird den individuellen Erkenntnissen, die durch spirituelle Betätigung im Sinne der Anthroposophie gewonnen werden können, eine zentrale Bedeutung zuerkannt. Auch das unterscheidet die biologisch-dynamische Landwirtschaft von allen anderen heutigen Anbaumethoden.

Im *Landwirtschaftlichen Kurs* wird immer wieder auf die meditative Betätigung der Landwirt:innen (3,33 bis 36) und die dadurch zu erreichenden Ergebnisse hingewiesen. Aus den in diese Richtung weisenden Andeutungen kann einiges abgeleitet werden. Beispielsweise ist von einem „persönlichen Verhältnis" die Rede, dass sich auf alles bezieht, was in der Landwirtschaft in Betracht kommt, insbesondere auf den Dünger, wodurch sich die Innenseite alles Lebendigen erschließt. Entwickelt man ein solches persönliches Verhältnis, „steckt man drinnen in der wirklichen Natur". (4,14 bis 16) Dem persönlichen Verhältnis im so verstandenen Sinne liegt eine holistische Grundempfindung zugrunde, die ganz bewusst immer wieder kultiviert werden kann. Alles ist mit allem verbunden, und in dieser Verbundenheit existieren auch wir Menschen: „Wir können gar nicht sagen, dass wir uns als Menschen absondern können, sondern wir sind verbunden mit unserer Umgebung, wir gehören schließlich dazu. Ebenso, wie mein kleiner Finger zu mir gehört, so gehören die Dinge, die drum herum sind, natürlich zu dem ganzen Menschen dazu." (3,28)

Die so verstandene spirituelle Grundhaltung knüpft an etwas – jedenfalls früher noch – durchaus Bekanntes an: Wenn man Landwirtschaft betreibt, kennt man seinen Betrieb. Man lebt mit allem aufs innigste verbunden zusammen. Aus dieser Verbundenheit resultiert der „richtige Einfall" im passenden Moment: „Nehmen wir nun einen Bauern, den der Gelehrte nicht für gelehrt hält; der geht über seinen Acker. Ja, der gelehrte Mann sagt, der Bauer sei dumm, aber in Wirklichkeit ist das nicht wahr, einfach aus dem Grunde nicht wahr, weil der Bauer – verzeihen Sie, es ist das so – eigentlich ein Meditant ist.

Was er in seinen Winternächten durchmeditiert, das ist sehr, sehr vieles. Und er eignet sich das schon an, was eine Art Erwerben geistiger Erkenntnis ist. Er kann es dann nur nicht aussprechen. Und das ist so, dass es plötzlich da ist. Man geht durch die Felder, und plötzlich ist es da. Man weiß etwas, man probiert es nachher. Ich habe das wenigstens in meiner Jugend immer wiederum erfahren, wo ich mit Bauern gelebt habe, durchaus, es ist so." (3,35)

Die Bedeutung der Spiritualität

Neben den zahlreichen öffentlichen und halböffentlichen Darstellungen der Anthroposophie wurden immer wieder Zusammenkünfte in kleinen Kreisen ausgerichtet, bei denen Rudolf Steiner besonders intensiv auf spirituelle Zusammenhänge zu sprechen kam. Eine dieser Zusammenkünfte, die als „esoterische Stunden" bezeichnet wurden, fand am 8. Juni nach einem Spaziergang durch Park und Garten in Koberwitz statt und war ausdrücklich dem später im *Landwirtschaftlichen Kurs* ausgebreiteten Themenkomplex gewidmet. Dabei wurden Gesichtspunkte zur landwirtschaftlichen Meditation und deren Wirkungen in einer Weise dargestellt, die über die Andeutungen in den Vorträgen vor dem gesamten Auditorium des Kurses deutlich hinausging. Einer der Teilnehmer, Adalbert Graf von Keyserlingk, erinnert sich: „Rudolf Steiner sprach von Meditationen, die der Bauer für sich und seine Erde praktizieren soll, von Wesenheiten, die sich in die Menschengemeinschaft eines Hofes heruntersenken und auf die Erde, die Pflanzen und im Umkreis des Hofes wirken – und wie es Menschen dann möglich sein würde, über ihre moralischen Willenskräfte das Wetter zu beeinflussen. Eindringlich sprach er über die Degeneration der Nahrungsmittel und wie nötig es sei, neue Pflanzen zu züchten. Und es sei nötig, eine ganz neue Wissenschaft zu begründen, die nicht durch sich selbst, sondern durch esoterische Wahrheiten wirksam wird." [45]

Es ist prägnant, wie die Bedeutung der Menschengemeinschaft eines Hofes hervorgehoben wird, die – die esoterische Stunde in Koberwitz fand am Pfingstsonntag statt – von geistigen Wesen inspiriert wird. In diesem Zusammenhang lässt sich auch verstehen, was Rudolf Steiner zur „landwirtschaftlichen Individualität" gesagt hat (→ 3.2.1), die jeden landwirtschaftlichen Betrieb zu einer charakteristischen, einzigartigen Erscheinung werden lässt. Um sich einem Verständnis des Gemeinten nähern zu können, lässt sich beispielsweise an den „Teamspirit" im Mannschaftssport oder an den „Zeitgeist", der sich in künstlerischen Werken ausspricht, denken. Immer ist etwas erlebbar, was über die Erscheinung und die Möglichkeiten eines einzelnen Menschen hinausgeht. Ungewohnt mag es sein, wenn in der Anthroposophie von solchen geistigen Wesen nicht bloß im Sinne einer Abstraktion die Rede ist, sondern wenn vielmehr konkrete geistige Entitäten bezeichnet werden. Aber genauso ist es gemeint.

Bei verschiedenen Gelegenheiten hat Rudolf Steiner davon gesprochen, dass zu den Menschengemeinschaften geistige Wesen gehören, die das Leben auf Erden helfend begleiten. Während Ausführungen dazu im *Landwirtschaftlichen Kurs* selbst Andeutungen bleiben, sprach Rudolf Steiner am 8. Juni ganz ausdrücklich davon, ebenso von der Wirkung der Meditation auf eine bewusste Beziehung zu dieser sonst unbekannten Welt: „Dann würde man die Möglichkeit bekommen, Beziehung zu jenen Hierarchien zu finden, denen die Naturgeister dienen, so dass sie heilend einfließen können in das Leben der Pflanzen." [46]

Lässt man solche Gedanken auf sich wirken, stellt sich bald die Frage, ob man denn Anthroposoph:in sein muss, wenn man die biologisch-dynamische Landwirtschaft betreiben will, und genau das wurde Rudolf Steiner in der ersten Fragenbeantwortung (12. Juni) auch gefragt, worauf er geantwortet hat: „Das ist natürlich die Frage. Heute aufgeworfen, wird sie ja viel belächelt werden. Ich erinnere Sie daran, dass es Menschen gibt, bei denen Blumen, die sie an ihren Fenstern züchten, wunderbar gedeihen. Bei anderen Menschen gedeihen sie gar nicht, sondern verdorren. Solche Dinge sind nun einmal schon da. Alles dasjenige aber, was da auf eine äußerlich nicht erklärliche, innerlich aber sehr durchschaubare Weise geschieht durch den Einfluss des Menschen selber, das geschieht schon auch dadurch, dass der Mensch, sagen wir, Meditationen verrichtet und sich durch das meditative Leben vorbereitet – ich habe es gestern charakterisiert. [...] Nur ist heute die Sache eben nicht so deutlich, als sie einmal war in Zeiten, in denen diese Dinge anerkannt waren. Und es gab solche Zeiten, da haben die Leute tatsächlich gewusst, dass sie durch gewisse Verrichtungen, die sie vorgenommen haben, sich einfach geeignet gemacht haben für die Pflege des Pflanzenwachstums." (F1, 29)

Die Meditationen, die in der Landwirtschaft verrichtet werden können, schließen also an eine Begabung an, die ganz allgemein bekannt und anerkannt ist. Den sprichwörtlichen „grünen Daumen" hat nicht jede:r, aber alle wissen irgendwie davon. Es gibt eben Menschen, denen das Wesen der Pflanzen vertrauter ist als anderen. Zum anderen wird – wiederum – hervorgehoben, dass es spezifische Wirkungen sind, die vom Menschen auf die Natur ausgehen. Diese Wirkungen im besten Sinne zu steigern, durch bewusste, gedankenklare geistige Arbeit und Zuwendung, entspricht dem Kernanliegen der Anthroposophie, das auch in der Landwirtschaft zum tragen gebracht werden kann. Insofern könnte man aus heutiger Sicht sagen, dass man biologisch-dynamische Landwirtschaft ohne den Umgang mit der Anthroposophie betreiben kann, dass sich aber ihre Möglichkeiten nachhaltig steigern lassen, wenn ein meditatives, anthroposophisches Leben zugrunde gelegt wird.

Das Kapitel kurz und knapp:

- Besonders in den Jahren von 1919 bis 1924 wurden anthroposophische Sichtweisen mit den unterschiedlichsten Berufsfeldern verbunden. Dabei wurden auch spirituelle Aspekte mit einbezogen. Immer sind es also zwei Quellen der Erkenntnis, die in den anthroposophischen Berufen eine Rolle spielen, nämlich die Wissenschaft und die Spiritualität.
- Im *Landwirtschaftlichen Kurs* ist von einem persönlichen Verhältnis die Rede, dass sich auf alles bezieht, was in der Landwirtschaft in Betracht kommt. Wenn man Landwirtschaft betreibt, kennt man seinen Betrieb. Man lebt mit allem aufs innigste verbunden zusammen. Aus dieser Verbundenheit resultiert der „richtige Einfall" im passenden Moment.
- Rudolf Steiner sprach von Meditationen, die der Bauer für sich und seine Erde praktizieren soll. Eindringlich sprach er über die Degeneration der Nahrungsmittel und über eine ganz neue Wissenschaft, die nicht durch sich selbst, sondern durch esoterische Wahrheiten wirksam wird.
- Die Menschengemeinschaft eines Hofes wird von geistigen Wesen inspiriert. In diesem Zusammenhang lässt sich verstehen, was zur „landwirtschaftlichen Individualität" gesagt wurde, die jeden landwirtschaftlichen Betrieb zu einer charakteristischen, einzigartigen Erscheinung werden lässt.

2.5 Soziale Aspekte

Motive aus der Zusammenkunft am 9. Juni 1924

Mit besonderer Aufmerksamkeit und herzlichem Engagement hat Rudolf Steiner aufgegriffen, was ihm an Fragen und Ideen von jungen Erwachsenen entgegengebracht wurde. Zahlreiche Vortragsnachschriften geben Zeugnis davon. Sogar eine „Freie Anthroposophische Gesellschaft“ war im Zuge dessen entstanden, ebenso ein eigener Zusammenschluss zur spirituellen Schulung. Im zeitlichen Umkreis vom Landwirtschaftlichen Kurs *traf Rudolf Steiner sich insgesamt dreimal (9., 14. und 17. Juni) mit einer Gruppe junger Erwachsener, von denen einige auch am Kurs teilnahmen. Mit der Zusammenkunft am 9. Juni wollen wir uns etwas beschäftigen, insofern Motive angesprochen wurden, die im Kurs wieder auftauchen, bzw. die darin angesprochenen Themen erweitern.*

Wendezeit

Die Entstehung und weitere Entwicklung der Anthroposophie geschah vor einem entsprechend geeigneten zeitgeschichtlichen Hintergrund, der in vielfacher Hinsicht als Wendezeit verstanden werden kann. (→ Band 1: 1.1 bis 1.4) In seinen Ausführungen am 9. Juni hob Rudolf Steiner das besonders hervor, indem er zu den jungen Erwachsenen im Blick auf den Übergang ins 20. Jahrhundert vom zu Ende gegangenen „finsteren“ und dem Beginn eines „lichten“ Zeitalters sprach. Dieser Übergang, der eine Zeit vielfacher kultureller Wandlungen mit sich brachte, wurde von den jungen Menschen damals innerlich stark erlebt. Rudolf Steiner erkannte darin seine eigenen Lebenserfahrungen wieder: „Wenn ich das zu Hilfe nehme, was ich selber durch viele Jahrzehnte erlebt habe im Streben nach einer Gemeinschaft von Menschen, die nach dem Geiste suchen wollen, und wenn ich das zusammenhalte mit demjenigen, was etwa seit der Wende des Jahrhunderts als Jugendbewegung aufgetreten ist, so muss ich sagen, dasjenige, was ganz wenige fühlten vor vierzig Jahren schon, und was damals, weil es eben ganz wenige fühlten, kaum bemerkt worden ist, das ist heute gefühlt innerhalb der immer allgemeiner werdenden Jugendbewegung."[47] In diesem Kontext wurden – und werden in gewisser Weise bis heute – die durch die Alten überlieferten, als maskenhaft und tot erlebten Formen von der jungen Generation infrage gestellt. Demgegenüber kommt es darauf an, wieder ein lebendiges geistiges Leben zu führen, das den inneren Impulsen der Menschen gerecht wird. In diesem Anliegen, so Rudolf Steiner, stimmen die Jugendbewegung und die anthroposophische Bewegung überein. „Aus diesen Untergründen heraus empfinde ich gerade diese Jugendbewegung als die, welche unendlich viele Hoffnungen erwecken kann für die Zukunft dessen, was man im richtigen Sinne als Anthroposophisches empfinden kann."[48]

Geistiges Leben, Kultur und Beruf

Im *Landwirtschaftlichen Kurs* finden sich eigentlich keine Hinweise auf Jahresfeste, die in der biologisch-dynamischen Landwirtschaft auf vielen Höfen heutzutage doch eine so große Rolle spielen. Nur einmal ist im Kurs von einem Fest die Rede, das im Januar/Februar gefeiert werden könnte (F1,29), worauf wir im dritten Band genauer eingehen werden. In der Jugendansprache vom 9. Juni hingegen kam Rudolf Steiner sehr intensiv auf das „Michaelsfest", das am 29. September auch im Rahmen der christlichen Liturgie zu Ehren des Erzengels Michael begangen wird, zu sprechen, für das er sich im Rahmen der Anthroposophischen Bewegung schon lange einsetzte.

Gerade den tieferen Anliegen junger Menschen könne mit Festen der Hoffnung und Erwartung begegnet werden, zu denen das Michaelsfest gehört: „In Festen, wo man nur durch Hoffnung und Erwartung zusammengehalten wird, nicht durch scharf konturierte Ideale, müsste man gerade in diesen Festen dieses Bild vor sich haben des Michaels mit den Führeraugen, der weisenden Hand, mit dem geistigen Rüstzeug. Solch ein Fest muss entstehen. [...] Nicht bloß ein vages, blaues, dunstiges Erbauen an der Michaels-Idee soll da sein, sondern das Bewusstsein, dass eine neue Seelenwelt unter den Menschen begründet werden muss. Es ist tatsächlich das Michaels-Prinzip das Führende. Dazu gehört gemeinschaftliches Erleben, um gerade auf eine Michaels-Festeszeit hinzuarbeiten, wo dann der Geist der Hoffnung in die Zukunft, der Geist der Erwartung leben kann." [49]

Ein wichtiges Anliegen war den jungen Leuten damals, von Rudolf Steiner zu erfahren, wie das geistige Leben im Sinne der Anthroposophie mit den beruflichen Obliegenheiten verbunden werden kann. Das, so Rudolf Steiner, würde nur gelingen, wenn man sich mit Gleichgesinnten in Gemeinschaften zusammenfindet und ohne Vorbehalt rein menschlich begegnet: „Die Menschen sind zum großen Teil Opfer der Zeit; sie wären auch für etwas Besseres zu gewinnen. Dazu gehört eben, dass noch mehr Macht in den geistigen Bewegungen der Zeit zutage treten kann, damit nicht diejenigen, die den Beruf als niederdrückend empfinden, dastehen und erdrückt werden durch die anderen, die gar nicht solche Bedürfnisse haben. Also je mehr wir darauf verzichten, schon morgen etwas zu erreichen, um so mehr wir uns bemühen, emsig zu arbeiten in dem, was sein soll zunächst eine geistige Gemeinschaft, die auf etwas hinarbeitet, desto besser wird das sein. Das ist das, was wir ins Auge fassen müssen. [...] Es handelt sich um die Überwindung des Egoismus. Man muss sich in etwas Objektives hineinfinden. Egoismus ist die Signatur des Zeitalters. Wenn wir anfangen uns rechtschaffen für den Menschen zu interessieren, so kann das nicht fortdauern. Den Egoismus überwindet man gründlich, wenn man ihn zuerst überwindet bei etwas, was so schwer in die Seele eingeht wie die Anthroposophie. Da muss man sich auf sein Inneres beziehen. Da streift man den Egoismus ab und kann dann schon in den anderen hineinfinden.“ [50]

Die innere Übereinstimmung zwischen der anthroposophischen Bewegung und der Jugendbewegung bestand darin, dass die Impulse der Wendezeit konsequent aufgegriffen wurden. Die Verhältnisse sollten nicht so bleiben wie sie waren, eine umfassende Erneuerung war gefordert. Worum es darin zu gehen habe, würde aus einem untergründigen Wissen hervorgehen, das in der geistigen Welt aus vorgeburtlichen Erfahrungen gebildet und mit den Menschen zur Erde gebracht wurde. Sich dieser Dimension anzunehmen, entspricht dem was vom Erzengel Michael ausgeht, der als Patron der heutigen Zeit verstanden werden kann. Sein Namenstag am 29. September kann zu einem Feiertag werden, an dem ein Fest der Hoffnung und Erwartung begangen wird. Und immer geht es um eine andere Art des Erkennens, das zunächst auf den Menschen selbst gerichtet ist. Wird er als geistiges Wesen erkannt, das mehr als nur vordergründige Absichten verfolgt, das aus einer geistigen Dimension zu schöpfen versteht, was den irdischen Verhältnissen und ihrer Zukunft zum Wohl gereicht? Was muss geschehen, damit Menschen ihren Mitmenschen mit dieser respektvollen Haltung begegnen? Rudolf Steiner sah in einem spirituellen Welt- und Menschenbild den Schlüssel zu einer so verstandenen Entwicklung: „Nun ist es so, man kann im anderen Menschen den Menschen nicht finden, wenn man ihn nicht auf geistige Weise zu suchen versteht, denn der Mensch ist einmal ein geistiges Wesen, und wenn man dem Menschen nur äußerlich gegenübertritt, so kann man ihn nicht finden, auch wenn er da ist. Es ist ja heute jammervoll, wie die Menschen eigentlich im Leben aneinander vorbeigehen. Gewiss, man schimpft heute mit Recht auf frühere Zeiten. Es ist vieles, was barbarisch war. Aber etwas war da: der Mensch fand den Menschen im anderen Menschen. Das kann er heute nicht. Die Menschen, die heute Erwachsenen, gehen alle aneinander vorbei. Keiner kennt den anderen. Es kann nicht einmal einer mit dem anderen leben, weil keiner dem anderen zuhört. Jeder schreit dem anderen etwas in die Ohren: seine eigene Meinung, und sagt dann, das ist meine eigene Meinung, das ist mein Standpunkt. Man hat heute wirklich lauter Standpunkte. Mehr Inhalt ist nicht da, denn das, was von den Standpunkten aus geltend gemacht wird, ist gleichgültig. Diese Dinge mit dem Herzen, nicht mit dem Verstande angesehen, die vibrieren durch die Jugend."[51]

Die andere Art des Erkennens rechnet zusätzlich mit anderen als den bloßen Verstandeskräften. Indem darauf hingewiesen wurde, ergab sich ein direkter Übergang zum *Landwirtschaftlichen Kurs*, denn es geht in allem stets auch um ein anderes Verhältnis zur Natur: „Um etwas zu sehen, muss man ein Herz haben. Wenn man aber schon in der Volksschule verhindert wird, ein ganzer Mensch zu sein, sieht man nicht, was in der Natur ist. Wenn man wieder darauf eingehen kann, was alles in der Natur ist, dann findet man auch in [dem Buch] *Wie erlangt man Erkenntnisse der höheren Welten*? etwas anderes als andere. Dieses Buch ist durchaus nicht mit Ausschluss der Natur geschrieben, sondern durchaus im Anblick der Natur."[52] Dieses Motiv wurde durch Rudolf Steiner in der folgenden Zusammenkünften mit den jungen Erwachsenen am 14. Juni und nach dem Ende des Kurses am 17. Juni nochmals aufgegriffen und vertieft: „Wir müssen im Herzen verstehen lernen dasjenige, was den doch immer nur gedachten Geist, der der Natur fremd bleibt, zu dem erarbeiteten Geist macht, der nun wiederum die Wege hinaus findet in die natürliche Tatsachenwelt. Deshalb habe ich in diesem Kursus versucht, ich möchte sagen, aus dem tatsächlichen Erleben heraus die Worte zu finden. Es kann heute nicht anders der Geist gefunden werden, als wenn man auch wiederum die Möglichkeit findet, in naturgegebene Worte ihn zu kleiden; damit werden auch die Empfindungen wieder stark werden. Sehen Sie, denken Sie sich, Sie verwandeln dasjenige, was man heute schon wissen kann – denn die Michael-Zeit ist da –, was scheinbar auch nur in Ideen lebt, in wirkliche Andacht, dann sind Sie auf dem allerbesten Wege. Sie sind auf dem allerbesten Wege, wenn Sie die Dinge in Andacht verwandeln. Ja, was kann dann alles aus den Dingen werden!

Meditieren heißt ja: dasjenige, was man weiß, in Andacht verwandeln, gerade die einzelnen konkreten Dinge.“ [53]

Das Kapitel kurz und knapp:

- Die innere Übereinstimmung zwischen der anthroposophischen Bewegung und der Jugendbewegung bestand darin, dass die Impulse der Wendezeit konsequent aufgegriffen wurden. Den tieferen Anliegen junger Menschen könne mit Festen der Hoffnung und Erwartung begegnet werden, zu denen das Michaelsfest gehört.
- Das geistige Leben im Sinne der Anthroposophie kann mit den beruflichen Obliegenheiten verbunden werden, wenn man sich mit Gleichgesinnten in Gemeinschaften zusammenfindet und ohne Vorbehalt rein menschlich begegnet. Ein spirituelles Welt- und Menschenbild bietet den Schlüssel zu einer so verstandenen Entwicklung.
- Die andere Art des Erkennens rechnet zusätzlich mit anderen als den bloßen Verstandeskräften. Dadurch ergibt sich ein direkter Übergang zum *Landwirtschaftlichen Kurs*, denn es geht in allem stets auch um eine anderes Verhältnis zur Natur.
- Man kann verstehen lernen, was den nur gedachten Geist, der der Natur fremd bleibt, zu dem erarbeiteten Geist macht. Dazu ist es am allerbesten, wenn die Dinge in Andacht verwandelt werden. Meditieren heißt, dasjenige, was man weiß, in Andacht verwandeln, gerade die einzelnen konkreten Dinge.

2.6 Bildteil: Schloss Koberwitz einst und jetzt

Schloss Koberwitz: Historische Ansicht und Hauptgebäude heute

Wo der Kurs stattfand: Vortragssaal, heutiger Zustand

Aufgang zum oberen Stockwerk, in dem Rudolf Steiner wohnte

2.7 Übungsaufgaben zu Teil 2

Übungsaufgaben zu den Kapitel 2.1 bis 2.5:

Bitte beantworten Sie die folgenden fünf Fragen zu den Inhalten der vorangegangenen Kapitel (die Lösungen finden Sie im Anhang dieses Buches):

1. Welche Themen entsprechen den drei Quellgründen der biologisch-dynamischen Landwirtschaft?

2. Wie beantwortete Rudolf Steiner die von Ernst Stegemann an ihn gerichtete Frage danach, was zu tun sei, um den Zerfall der Saatgut- und Ernährungsqualität aufzuhalten?

3. Welches waren die sechs Kernthemen im Landwirtschaftlichen Kurs?

4. Wie kann man den von Rudolf Steiner mehrfach verwendeten Begriff „Weltenraum" verstehen?

5. Wie kann Spiritualität das Wahrnehmen der Welt im Sinne des Landwirtschaftlichen Kurses verändern?

Übungsaufgabe zum Kapitel 2.2:

Im Bericht, den Rudolf Steiner in Dornach vom Kurs in Koberwitz gab, lassen sich sechs Kernthemen erkennen. Im Kapitel 2.2 sind wir darauf eingegangen. Lesen Sie bitte dort jetzt noch einmal den Abschnitt zum vierten Kernthema und achten Sie darauf, wie man die folgende Frage – die Erhard Bartsch und Immanuel Voegele im August 1922 an Rudolf Steiner gerichtet hatten – beantworten könnte: Was lässt sich zu einer Methodik sagen, mit deren Hilfe die Lebensnotwendigkeiten des landwirtschaftlichen Berufes mit der Anthroposophie verbunden werden können? Machen Sie dazu ein paar Notizen, die sie danach mit den Lösungen im Anhang vergleichen können.

TEIL 3:

Landwirtschaftlicher Kurs (I)

3.1 Hoforganismus und landwirtschaftliche Individualität

Motive aus dem Vortrag am 10. Juni 1924

Abhängig von dem wie man sich einen landwirtschaftlichen Betrieb vorstellt unterscheiden sich die Leitlinien, die dem bäuerlichen Handeln zugrunde gelegt werden. Im Landwirtschaftlichen Kurs *wird der Betrieb als Organismus verstanden, zu dem eine Individualität gehört. Betriebswirtschaftlich geht es deshalb in erster Linie um das Wahrnehmen, Pflegen, Entwickeln und nachfolgende Bewahren der zugrundeliegenden Lebensprozesse, der (angemessene) Ertrag ergibt sich daraus.*

Der Kreislauf

Jedes Leben beruht auf einem Kreislauf der die Grundlage für eine auskömmliche Versorgung des Organismus und seiner Organe darstellt. Insofern sich ein lebendiges Wesen darin seiner selbst bewusst wird, kann zusätzlich von einer Individualität gesprochen werden. In einem Motiv zusammengefasst haben wir es also mit Kreis (Kreislauf) und Punkt (Individualität) zu tun.

In einem Vortrag aus dem Jahr 1905 sagte Rudolf Steiner, wie er den Begriff „Individualität" versteht: „Individualität ist dasjenige, was inhaltsvoll in der Welt aufragt. Wenn ich einen inhaltserfüllten Zukunftsgedanken habe, mir ein Bild von dem mache, was ich in die Welt einfüge, so mag meine Persönlichkeit kraftvoll oder schwach sein, aber sie ist der Träger dieser Ideale, die Hülle meiner Individualität. Die Summe aller dieser Ideale ist die Individualität, die aus der Persönlichkeit hervorleuchtet."[54] Diese Definition entspricht dem anthroposophischen Menschenbild (→ Band 1: 2.3 und 3.3), das nun direkt auf den landwirtschaftlichen Betrieb angewendet wird. Analog zu den „inhaltserfüllten Zukunftsgedanken“ wird der Blick auf all das gelenkt, „was man braucht zur Hervorbringung“ (beispielsweise Düngemittel):

„Nun, eine Landwirtschaft erfüllt eigentlich ihr Wesen im besten Sinne des Wortes, wenn sie aufgefasst werden kann als eine Art Individualität für sich, eine wirklich in sich geschlossene Individualität. Und jede Landwirtschaft müsste eigentlich sich nähern – ganz kann das nicht erreicht werden, aber sie müsste sich nähern – diesem Zustand, eine in sich geschlossene Individualität zu sein. Das heißt, es sollte die Möglichkeit herbeigeführt werden, alles dasjenige, was man braucht zur Hervorbringung, innerhalb der Landwirtschaft selbst zu haben, wobei zur Landwirtschaft der entsprechende Viehstand selbstverständlich hinzugerechnet werden muss. Im Grunde genommen müsste eigentlich dasjenige, was in die Landwirtschaft hereingebracht wird an Düngemitteln und ähnlichem von auswärts, das müsste in einer ideal gestalteten Landwirtschaft angesehen werden schon als ein Heilmittel für eine erkrankte Landwirtschaft.“ (2,2)

Zu Beginn des 20. Jahrhunderts war diese Idee einer Kreislaufwirtschaft grundsätzlich noch leichter zu verstehen als heutzutage, denn während die Industrialisierung die landwirtschaftlichen Prozesse damals zwar immer mehr zu linearen umformte, war die überlieferte, traditionell ausgerichtete Landwirtschaft noch ausreichend sichtbar vertreten. Man hatte sich noch nicht so weit von ihr entfernt. Aber nun wurde noch weiter präzisiert: „Solange man die Dinge nicht ihrer Wesenheit und ihrer Wirklichkeit nach ansieht, sondern nur äußerlich stofflich, solange kann in ganz berechtigter Weise die Frage entstehen: Ist es nun nicht einerlei, ob man den Kuhmist von der Nachbarschaft, oder ob man ihn aus der eigenen Landwirtschaft entnimmt? Wie gesagt, die Dinge können nicht in dieser Weise streng durchgeführt werden, aber man muss doch einen Begriff haben von dem notwendigen Geschlossensein einer Landwirtschaft, wenn man eigentlich die Dinge sachgemäß ordnen will.“ (2,3) Es geht in der biologisch-dynamischen Landwirtschaft demnach nicht nur um die geschlossenen

Stoffkreisläufe, sondern zugleich um die besondere Beschaffenheit der Stoffe selbst, die in der einen oder der anderen Landwirtschaft immer eine andere ist. Im Sinne des vorhin wiedergegebenen Zitates sind diese Stoffe die „Hülle einer Individualität", in diesem Falle einer landwirtschaftlichen.

Prinzipiell leitet das Bild der geschlossenen Individualität betriebswirtschaftlich zu charakteristischen Parametern. Anders als in der allgemein vorherrschenden, durch die Industrialisierung noch verstärkten Vorstellung, geht es nämlich vorrangig nicht um die Maximierung von Erträgen, sondern um die auskömmliche Versorgung aller Systembereiche. Was zu Beginn des 20. Jahrhunderts wissenschaftlich hinsichtlich der Biosphäre der Erde erkannt worden war, findet sich im *Landwirtschaftlichen Kurs* als Prinzip einer modernen landwirtschaftlichen Ökonomie wieder: in einem selbstregulierenden System geht es um den Zustand des Gleichgewichts (Homöostase) als primärem Ziel. (→ Band 1: 1.2)

Dass Rudolf Steiner von Beginn des Kurses an die Leitbilder und Methoden der erneuerten Landwirtschaft immer wieder anhand von Analogien entwickelt, die sich auf den Menschen beziehen, macht den von ihm gewählten Ansatz zu einem besonderen. So beschreibt er den Erdboden als „ein wirkliches Organ, er ist ein Organ, das wir etwa vergleichen können, wenn wir wollen, mit dem menschlichen Zwerchfell." (2,6) Der Vergleich erscheint schon darum naheliegend, weil das Zwerchfell den Brust- und Bauchraum voneinander trennt. Es ist zugleich der wichtigste Atemmuskel, der meist unwillkürlich funktioniert, vom Menschen aber auch bewusst gesteuert werden kann. Im übertragenen Sinne kann der Erdboden als das Organ verstanden werden, das mit dem jahreszeitlichen Atem der Natur verbunden ist.

Die organismische Betrachtung wird weiter entwickelt, indem der landwirtschaftliche Betrieb wie ein auf dem Kopf stehender Mensch beschrieben wird: „Der Kopf ist dann unter dem Erdboden für diejenige Individualität, die da in Betracht kommt, und wir mit allen Tieren zusammen leben im Bauch dieser Individualität. […] Also wir haben es durchaus mit einer Individualität zu tun, die auf dem Kopfe steht und die wir auch nur richtig anschauen, wenn wir sie als auf dem Kopfe stehend betrachten, auch auf dem Kopfe stehend in Bezug auf den Menschen." (2,6)

In diesem Bild zusammengefasst werden Lebensprozesse in der Natur beschrieben, die nun auch wieder analog zu physiologischen Prozessen im menschlichen Organismus erscheinen: der überirdische Bereich entspricht dem Unterleib des Menschen, die Geschehnisse unter der Erde den Wirkungen des Kopfes. Und schließlich findet sich die Betrachtung der Biosphäre bis in den Kosmos hinein erweitert:

„Wir haben eine fortwährende, eine ganz lebendige Wechselwirkung von Über-der-Erde und Unter-der-Erde, und das über der Erde befindliche Wirken ist abhängig zugleich – betrachten Sie es zunächst als Lokalisierung des Wirkens – unmittelbar von Mond, Merkur, Venus, welche die Sonne in ihrer Wirkung unterstützen und modifizieren, so dass also die sogenannten erdennahen Planeten ihre Wirksamkeit entfalten mit Bezug auf alles dasjenige, was über der Erde ist, dagegen die fernen Planeten, die außerhalb des Umkreises der Sonne herumgehen, auf alles dasjenige wirken, was unterhalb der Erde ist, und die Sonne unterstützen in denjenigen Wirkungen, die sie von unterhalb der Erde ausübt. So dass wir sozusagen mit Bezug auf unser Pflanzenwachstum den fernen Himmel in seiner Wirksamkeit unter der Erde, die nähere Erdumgebung über der Erde zu suchen haben." (2,7)

Samenbildung und Humus

Im Vorstellungsbild des landwirtschaftlichen Betriebes als einer in sich geschlossenen Individualität wird, wie wir gesehen haben, der Erdboden als Zwerchfell verstanden. Diese Lebensschicht vermittelt zwischen den Weiten des (kosmischen) Umkreises und den Tiefen des Bodens.

Versteht man diesen Bereich der Mitwelt so, ergeben sich andere Maßgaben für die Bearbeitung der Erde. Das Wissen von den Bedingungen, unter denen der „Weltenraum“ auf das Irdische wirken kann, bezeichnet Rudolf Steiner als das „Allerwichtigste“ und führt aus: „Gehen wir, um das einzusehen, einmal aus von der Samenbildung. Den Samen, aus dem sich das Embryonale entwickelt, sieht man gewöhnlich an als ein außerordentlich kompliziertes molekulares Gebilde.“ (2,18) Und diese komplizierten molekularen Strukturen, so die vorherrschende Auffassung, seien ursächlich für das Wachstum eines entsprechend komplizierten Organismus. Tatsächlich ist damit aber nur die eine Seite des Geschehens erfasst, insofern die Wirkungen des Umkreises außer acht geblieben sind. Für das Werden eines neuen Organismus sind letztere von entscheidender Bedeutung: „Denn der Organismus geht eben nicht auf die Art aus den Samen hervor, dass sich dasjenige, was sich als Samen gebildet hat, aus der Mutterpflanze oder dem Muttertier nur fortsetzt in demjenigen, was als Kinderpflanze oder Kindertier entsteht. Das ist eben gar nicht wahr. Wahr ist vielmehr, dass, wenn nun dieses Komplizierte des Aufbaues aufs höchste getrieben ist, so zerfällt dies, und man hat zuletzt in demjenigen, was erst im Bereiche des Irdischen zu größter Kompliziertheit getrieben worden ist, ein kleines Chaos. Es zerfällt, man könnte sagen, in den Weltenstaub, und wenn dasjenige, was da in den Weltenstaub zerfällt, wenn der Same bis zur höchsten Kompliziertheit gebracht, in den Weltenstaub zerfallen ist und das kleine Chaos da ist, dann beginnt das ganze umliegende Weltenall auf den Samen zu wirken und drückt sich in ihm ab und baut aus dem kleinen Chaos das auf, was von allen Seiten durch die Wirkungen aus dem Weltenall in ihm aufgebaut werden kann. Und wir bekommen in dem Samen ein Abbild des Weltenalls.“ (2,20)

Tatsächlich lehrt die Anschauung, dass jeder Samen in gewisser Weise zerfällt, bevor die neue, embryonale Gestalt erscheint. Dieses „Chaos“ ist ein Zustand, der für das Wirken jener Kräfte empfänglich macht, die eine bestimmte, wesensgerechte Gestalt zur Erscheinung bringen. Das Ereignis dieser Entwicklung findet zwischen dem Umkreis (Weltenraum) und dem Zentrum (Samen) statt. Die Arbeit am und mit dem Boden wird berücksichtigen, das aus zwei Richtungen, aus dem Weltenraum und aus der Erde, auf das Chaos gewirkt wird. Zwischen Umkreis und Zentrum entwickelt sich der Keim. An der Pflanzengestalt wird das Zusammenspiel der Kräfte schließlich sichtbar. (2, 25 und 26)

Tiere in der Landwirtschaft

Das Bild einer landwirtschaftlichen Individualität, das im ersten Vortrag des Kurses entwickelt wird, wäre ohne die Tiere nicht vollständig. Evolutionsbiologisch betrachtet sind sie nicht mehr Pflanze, aber auch noch nicht Mensch. Darum kommt ihnen im Betriebsorganismus eine wichtige, unverzichtbare Bedeutung zu.

Zunächst gilt es zu berücksichtigen, dass zu jedem Gebiet der Erde ganz bestimmte Tiere gehören. Das gilt im Großen (am Nordpol der Erde leben Eisbären, am Südpol Pinguine) und ebenso im Kleinen (in der vorindustriellen Zeit gab es noch regional unterschiedliche Haustierrassen). Während die Domestizierung von Rindern kulturgeschichtlich beispielsweise wegen ihrem Fleisch, ihrer Milch oder ihrer Eignung als Zugtier erfolgte, beruht ihre Wertschätzung in der biologisch-dynamischen Landwirtschaft primär auf ganz anderen Eigenschaften.

Im Sinne einer „kosmisch qualitativen Analyse" würde sich nämlich ergeben, dass das „richtige Maß von Kühen, Pferden und anderen Tieren auf irgendeiner Landwirtschaft" stets die an einem bestimmten Ort zur Düngung benötigte Menge an Mist gibt. (2,35) Und auch hier geht es nicht um die Menge allein, sondern vor allem um die besondere Qualität, die dem Lebensort der Tiere genau angepasst ist. Es sind bestimmte Pflanzen in einer bestimmten Menge, die sie verzehren und in zur Düngung geeigneten Mist verwandeln.

Ebenso wie Rudolf Steiner das Bild der lebendigen Erde aus dem Menschenbild entwickelt, wendet er es schließlich an, um die Eigenart des tierischen Organismus zu erläutern, der die Lebensprozesse der Erde im Kleinen in sich vereint. (2,36) Im Betrieb der biologisch-dynamischen Landwirtschaft sind alle Elemente und Wesen am Hervorbringen und Erhalten eines Gleichgewichtes beteiligt. Das gilt auch für die Tiere:

„Damit haben Sie die Möglichkeit, jetzt aus dieser Formgestalt des Tieres heraus eine Beziehung zu finden zwischen demjenigen, was das Tier an Mist zum Beispiel liefert im Verhältnis zu demjenigen, was die Erde braucht, deren Pflanzen das Tier frisst. Denn Sie müssen ja wissen, dass zum Beispiel die kosmischen Wirkungen, die in einer Pflanze zur Geltung kommen, die vom Innern der Erde heraus kommen, hinauf geleitet werden. Ist also eine Pflanze besonders reich an solchen kosmischen Wirkungen und frisst diese ein Tier, das nun seinerseits gleichzeitig Mist liefert aus seiner Organisation heraus auf Grundlage eines solchen Futters, so liefert dieses Tier den besonders geeigneten Mist für diesen Boden, wo die Pflanze wächst.“ (2,39)

Das Kapitel kurz und knapp:

- Denkt man sich den landwirtschaftlichen Betrieb als Organismus, zu dem eine Individualität gehört, ergeben sich für die Betriebswirtschaft entsprechend andere Parameter.
- Als Kreislauf verstanden, der die Grundlage für eine auskömmliche Versorgung des Organismus und seiner Organe darstellt, ist eine Landwirtschaft eine in sich geschlossene Individualität. Es geht vorrangig um die auskömmliche Versorgung aller Systembereiche. Lebensprozesse in der Natur können analog zu physiologischen Prozessen im menschlichen Organismus verstanden werden.
- Der Acker als Lebensschicht verbindet die Weiten des Umkreises und die Tiefen der Erde. Versteht man es so, ergeben sich entsprechende Maßgaben für die landwirtschaftliche Arbeit. Der Same geht während des Keimens im Boden in ein kleines Chaos über, auf das aus dem ganzen umliegenden Weltenall gewirkt wird. Zwischen Umkreis und Zentrum entwickelt sich der Keim. An der Pflanzengestalt wird das Zusammenspiel der Kräfte schließlich sichtbar.
- Das Bild einer landwirtschaftlichen Individualität wäre ohne die Tiere nicht vollständig. Das richtige Maß von Kühen, Pferden und anderen Tieren liefert stets den an einem bestimmten Ort zur Düngung benötigten Mist. Der tierische Organismus vereint im Kleinen die Lebensprozesse der Erde. In der biologisch-dynamischen Landwirtschaft sind alle Elemente und Wesen, also auch die Tiere, am Hervorbringen und Erhalten eines Gleichgewichts beteiligt.

3.1.2 Ein Blick in die Praxis: Der landwirtschaftliche Betrieb

Gesunde Nahrungsmittel sind wichtig. Ebenso eine ökologisch sinnvolle Produktion. Aber beides scheint den Verhältnissen zu widersprechen, die durch die Industrialisierung geschaffen wurden. Hans von Hagenow ist seit Jahrzehnten Demeter-Landwirt und kennt all das aus eigener Erfahrung.

Die Vielfalt

Legt man die Ausführungen im *Landwirtschaftlichen Kurs* zugrunde, ergeben sich für die biologisch-dynamische Betriebswirtschaft spezielle Paradigmen. Zuerst ließe sich sagen, dass eine biologisch-dynamische Landwirtschaft im Idealfall vielfältig ist. Zum betrieblichen Organismus gehört das ganze natürliche Leben der Nutzpflanzen und -tiere, aber auch ausdrücklich das der nicht direkt genutzten Mitwelt. Darüber hinaus wird die soziale und kulturelle Dimension des landwirtschaftlichen Betriebes ebenso bedacht. Hans von Hagenow berichtet von einer intensiven Öffentlichkeitsarbeit: „Da zeigen wir, was das Biologisch-Dynamische eigentlich sein kann. Aber es frustriert mich manchmal, dass die vielen Aktivitäten um die Landwirtschaft herum nicht wirklich zur monetären Wertschöpfung beitragen. Das alles wird betriebswirtschaftlich nur selten als solches erfasst.“

Dabei sind es eindrückliche Erfahrungen, die von den Besucher:innen des Hofes gemacht werden. So wurde von Hagenow mal gefragt, wie groß der Betrieb eigentlich sei? „Da sagte ich ihnen, dass sie einfach mal losgehen und wahrnehmen sollen, dann würden sie es schon merken. Und genauso kam es auch. Die Leute waren beeindruckt, denn sie haben das Landschaftsbild wahrgenommen und die Unterschiede bemerkt.“ Wenngleich die ökologische Landwirtschaft für viele Menschen noch sehr erklärungsbedürftig ist, sind die Ergebnisse doch sehr anschaulich und in ihrer Bedeutung nachvollziehbar.

Andererseits wird es immer schwieriger, die ökologische Landwirtschaft im gemeinten Sinne zu betreiben. Der allgemein herrschende wirtschaftliche Druck erreicht auch die biologisch-dynamisch bewirtschafteten Betriebe. Vieles hat sich in den vergangenen Jahrzehnten verändert und immer weiter zugespitzt. Zu Beginn des 20. Jahrhunderts war Deutschland mit einem Anteil von 60 Prozent Bauern an der Gesamtbevölkerung noch ein agrarisch geprägter Staat. Über die Hälfte der Betriebe waren kaum größer als zwei Hektar, mittlere Betriebe umfassten jeweils rund 20 Hektar, und nur fünf Prozent aller Höfe waren Großbetriebe. Landwirtschaft war damals also noch viel stärker im Leben verankert und von ganz anderer Qualität. Bis heute ist die Zahl der Betriebe drastisch zurückgegangen, während die Fläche pro Hof deutlich zunahm. Außerdem erzielt nur noch zwei Prozent der Bevölkerung ihr Erwerbseinkommen in der Landwirtschaft. Der Rationalisierungsdruck infolge der immer weiter fortschreitenden Industrialisierung ist hoch. Und wenn in der konventionellen Landwirtschaft nur noch 5,6 Arbeitskräfte pro 100 Hektar tätig sind, ist das für die ökologische Landwirtschaft ganz bestimmt so nicht machbar.

Die Entwicklung der Bodenpreise verengt die wirtschaftlichen Spielräume noch weiter. In vielen Regionen treibt die starke Nachfrage nach Bebauungs-, Verkehrs- und Ausgleichsflächen die Preise, so dass der Erwerb landwirtschaftlicher Flächen oft nur noch finanziell gut ausgestatteten Spekulanten möglich ist. Für die Betriebe ergeben sich daraus Pachtzinsen, die nicht mehr einfach zu erwirtschaften sind. Lässt sich unter solchen Voraussetzungen überhaupt noch biologisch-dynamisch wirtschaften?

Rahmenbedingungen für eine andere Art des Wirtschaftens

Hans von Hagenow wünscht sich deutlich veränderte Rahmenbedingungen für die biologisch-dynamische Arbeit. Allein aus der landwirtschaftlichen Produktion lässt sich ein Betrieb in Gänze nur schwer finanzieren. „Landwirtschaftliche Produktion kann man ja nicht mit industriellen Maßstäben messen", sagt er. „Die konventionelle Landwirtschaft versucht es trotzdem, und dann ergeben sich die bekannten Probleme, insofern die Arbeit zu Lasten des Bodens und der Umwelt geht."

Ein wichtiger Treiber für den wirtschaftlichen Druck sind die Immobilienpreise und die daraus abgeleiteten Finanzierungs- und Pachtzinsen. Boden ist ein begrenztes Gut, und besonders in den Ballungsräumen ausgesprochen begehrt. Grundsätzlich gilt, dass auf immer weniger Fläche immer höhere Erträge erwirtschaftet werden müssen, wenn man die konventionellen Erwartungen erfüllen will. Grunderwerbern geht es langfristig aber nicht um die Erträge aus der Einnahme von Pachtzinsen, sondern um Gewinne aus Wertsteigerungen. Landwirtschaftliche Flächen sind zu Spekulationsobjekten geworden.

Für die biologisch-dynamische Landwirtschaft wurden demgegenüber schon immer Erwerbs- und Eigentumsformen entwickelt, die als Gemeinschaftsprojekte realisiert werden. Durch viele Menschen in Gemeinschaft können Kaufpreise aufgebracht werden, die ansonsten weit außerhalb der Möglichkeiten der Landwirte liegen. Von Hagenow sieht die Aufgabe der Betriebe vor allem in der Deckung der laufenden Kosten, was Investitionen in Betriebsmittel einschließt, aber eben nicht solche in Immobilien (Böden und Bauten).

Zur Förderung der ökologischen und regionalen Landwirtschaft wurde 2006 die Regionalwert AG gegründet. Von Hagenow engagiert sich – neben seiner Tätigkeit als Landwirt und Mitglied im Vorstand bei „Demeter im Westen" – als Vorstandsmitglied in der „Regionalwert AG Rheinland". Dem Leitbild der Subsistenzwirtschaft folgend, beteiligt sich die Bürgeraktiengesellschaft an Betrieben, die sich mit dem Anbau, der Verarbeitung und dem Vertrieb von ökologisch erzeugten Lebensmitteln befassen. Ebenso wurde eine „auf Nachhaltigkeitskriterien basierende Rechenschaftslegung" entwickelt, die auch jene Leistungen als Vermögen erfasst, die in der herkömmlichen Erfolgsrechnung unberücksichtigt bleiben. „Die AG kann Kommanditanteile an Betrieben und Firmen erwerben. So werden Investitionen möglich", erklärt von Hagenow. „Dabei geht es nicht um rentierliche Anlagen im üblichen Sinne, sondern um das Ermöglichen der ökologischen Nahrungsmittelerzeugung. Den damit beschäftigten Betrieben fehlt oft das Kapital, das für weitere Entwicklungen benötigt wird. Zu den biologisch-dynamischen Höfen gehören, wie gesagt, oft diverse Zusatzleistungen, mit denen ein Bildungsauftrag erfüllt wird, die aber als Leistungen nicht direkt erfasst werden. Mit der Leistungsrechnung der Regionalwert AG wird das möglich." Zum Erfolg gehört dann auch, dass alle Beteiligten regionale, soziale und ökologische Standards einhalten. Um das sichtbar machen zu können, stehen für den Bericht mehr als 200 Indikatoren zur Verfügung, wodurch sich die ganze Vielfalt der Biobetriebe abbilden lässt.

Einsicht und Verständnis der Menschen

Was für die Böden gilt, bestimmt leider auch die Tierhaltung und fordert auch ökologisch wirtschaftende Betriebe heraus: Mit immer weniger soll immer mehr produziert werden. Der Preisdruck ist enorm, zumal sich die wirtschaftliche Situation der Haushalte in den vergangenen Jahrzehnten signifikant verändert hat. Entfielen zu Beginn des 20. Jahrhunderts in Deutschland noch rund 48 Prozent der durchschnittlichen Ausgaben pro Haushalt auf Nahrungsmittel, Getränke und Genussmittel, sind es heutzutage nur noch 15 Prozent. Damit wird es schwierig, angemessene Preise zu bezahlen. Der

Lebensmitteleinzelhandel trägt dem Rechnung, indem der Landwirtschaft immer weniger für die Produktion gezahlt wird. Der Preis von knapp 0,60 Euro für einen Liter Milch, den Molkereien an die Betriebe vergüten, deckt wenn überhaupt nur die Kosten der konventionellen Produktion. Ökologische oder gar biologisch-dynamische Landwirtschaft ist unter solchen Vorzeichen nicht möglich. Hans von Hagenow beobachtet, was sich infolge ergibt: „Die Betriebe gehen immer mehr in Spezialisierungen. Die Umstellungsbetriebe sind immer mehr Spezialbetriebe, die eine andere Wirtschaftlichkeit aufweisen. Viehhaltung ist da ein Kostenpunkt, den man gern einspart, denn der Bau von einem Stall kann über die Milch nicht mehr refinanziert werden."

Für Demeter-Betriebe gilt, dass sich am meisten gewinnen lässt, wenn im Hofladen, über Marktstände und inhabergeführte Bioläden direkt vermarktet wird. Dadurch ergibt sich auch eine andere, bewusstere Teilhabe der Kundschaft. Die Einsicht in die Notwendigkeiten, das Verständnis von der weitreichenden Bedeutung eines landwirtschaftlichen Betriebs, führt zur Akzeptanz der angemessenen, zuweilen etwas höheren Preise.

Ein wirksames Konzept bietet auch die solidarische Landwirtschaft (SoLaWi), bei der von der Kundschaft eines landwirtschaftlichen Betriebes die Ernte eines Jahres im Voraus finanziert, und hernach untereinander geteilt wird. Das schafft für die Betriebe Planungssicherheit. Die Arbeit der Nahrungsmittelerzeugung wird ermöglicht und dem Preisdruck des Marktes entzogen. Das SoLaWi-Prinzip findet mittlerweile Anwendung für viele kleine Betriebe. Aber auch größere Betriebe machen gute Erfahrungen damit. Beispielsweise der „Kattendorfer Hof" in Schleswig-Holstein – ein Betrieb von 455 Hektar, der von 80 Menschen bewirtschaftet wird – arbeitet bereits seit einigen Jahren erfolgreich mit dieser Methode. Auf der Website steht: „Der Kattendorfer Hof ist ein vielfältiger Landwirtschaftlicher Betrieb. Durch die monatlichen Beiträge der Mitglieder, werden die Kosten, die für den Hof anfallen, Pacht, Löhne, Maschinen und vieles mehr, getragen. Jedes Jahr wird ein Budget erstellt, das die zu erwartenden

Ausgaben und Einnahmen des Hofes enthält. Dieses erhalten die Mitglieder zur Ansicht. In einer Mitglieder-Versammlung wird das Budget vorgestellt und besprochen. Es wird ermittelt, wie hoch die Kosten für den Ernteanteil im aktuellen Wirtschaftsjahr liegen. Je nachdem wird der Beitrag für das kommende Jahr verändert."

Biologisch-dynamische Landwirtschaft leistet unter eigenen Vorzeichen einen wichtigen Beitrag für eine ökologische Pflege der Mitwelt. Das kann so nur gelingen, wenn es durch die Verbraucher:innen gewollt und mitgetragen wird. Grund und Boden dürfen nicht Gegenstand der Spekulation sein, und die Preise für landwirtschaftliche Erzeugnisse müssen die wahren Kosten der ökologisch sinnvollen Produktion abbilden. Industrielle Maßstäbe taugen dafür nicht. Damit das eingesehen und nachvollzogen werden kann, ist ein Bildungsauftrag zu erfüllen, der zur landwirtschaftlichen Betätigung gehört und als Leistung der Betriebe gesehen und bewertet werden muss.

3.2 Kosmische Kräfte und Stoffe der Erde

Motive aus dem Vortrag am 11. Juni 1924

Die Entwicklung einer jeden Gestalt beruht auf der Verbindung eines Irdisch-Physischen mit einem Kosmisch-Geistigen. Jedes Lebewesen ist mit dem Ganzen der Natur verbunden, aus dem heraus es wird und lebt. In dieser Sichtweise kommt die goetheanistische Erkenntnistheorie zur praktischen Anwendung.

Sieben chemische Elemente

Nachdem am Vortag einiges zum Verständnis vom Hoforganismus und der landwirtschaftlichen Individualität gesagt worden war, geht es nun darum, wie die Kräfte der Erde und des Kosmos durch die Stoffe der Erde wirken (3,1), was im Blick auf sieben chemische Elemente (Stickstoff, Kohlenstoff, Sauerstoff, Wasserstoff, Schwefel, Kalk und Kiesel (Silizium) erläutert wird.

Prinzipiell wichtig ist, dass dabei von einem erweiterten Materiebegriff ausgegangen wird, insofern davon die Rede ist, dass spezifische Kräfte durch die Stoffe der Erde wirken. Das entspricht einer Anschauung, die beispielsweise schon durch Aristoteles (384 v. Chr. – 322 v. Chr.) vertreten wurde, der für alle wahrnehmbaren Objekte und Lebewesen das Zusammenwirken von „Materie“ und „Form“ beschrieb. Die anthroposophische Sichtweise ist ähnlich, insofern immer von einer Vielgliedrigkeit ausgegangen wird, die über die materielle Außenseite von Dingen und Wesen hinausweist. (→ Band 1: 2.3 und 4.2) Sehr verdichtet hat Rudolf Steiner das einmal ausgedrückt, indem er schrieb: „Geist ist niemals ohne Materie, Materie niemals ohne

Geist“ [55], was in etwa dem Zusammenwirken von Materie und Form im Sinne von Aristoteles entspricht.

Im *Landwirtschaftlichen Kurs* sprach Rudolf Steiner unter den Vorzeichen der Anthroposophie über chemische Elemente und ihr Wirken in der Natur. Man kann das Gesagte in zweifacher Hinsicht weiter bewegen, und zwar im Sinne einer Erweiterung der Naturwissenschaft – womit sich beispielsweise Lili Kolisko (1889–1976) und ihr Ehemann Eugen Kolisko (1893–1939), Ehrenfried Pfeiffer und Guenther Wachsmuth beschäftigten – oder im Sinne einer Anregung für ein anderes Prozessverständnis, was wahrscheinlich für die meisten Hörer:innen in Koberwitz galt. Jedenfalls geht es um andere Vorzeichen für das Gebiet der „Agrochemie“, mit dem Landwirt:innen und Naturwissenschaftler:innen gleichviel zu tun haben.

Schon seit Jahrhunderten beschäftigen Menschen sich mit dem Einfluss bestimmter chemischer Stoffe auf das Wachstum von Pflanzen. Vor allem ist die Bedeutung des Stickstoff in der Landwirtschaft nicht zu übersehen. Er ist als wichtiges Element der Proteine und der DNS in allen Lebewesen vertreten. Das Wissen darüber wird durch Rudolf Steiner nun aber noch erweitert, indem er von der „Betätigung des Stickstoffs im Weltenall“ (3,2) und von den „Geschwistern des Stickstoff“ (3,4) – gemeint sind Kohlenstoff, Sauerstoff, Wasserstoff und Schwefel – spricht, die mit dem Stickstoff im pflanzlichen und tierischen Eiweiß verbunden sind. Schon an dieser Art der Beschreibung fällt auf, dass Rudolf Steiner nicht erst die Pflanze, in der verschiedene Stoffe zusammengekommen sind, als lebendig versteht, sondern bereits im Zusammenwirken verschiedener Kräfte im Stoff selbst einen Ausdruck des Lebens erkennt. In dieser Verbindung wirken verschiedene Eigenschaften zusammen.

Der Schwefel beispielsweise wird als „Vermittler zwischen der Gestaltungskraft des Geistigen und dem Physischen“ bezeichnet, „weil auf dem Wege des Schwefels der Geist in das Physische der Natur hereinwirkt.“ (3,4) Die Sichtweise der herkömmlichen, reduktionistischen Chemie wird ergänzt, indem von einer Verbindung, einem

Zusammenwirken von Physischem und Geistigem, gesprochen wird. Damit soll nicht nur die Außenseite der Natur erfasst werden, sondern zugleich das darin gegenwärtige und wirkende Leben. Diese Absicht klingt auch an, wenn vom Kohlenstoff, dem „Träger aller Gestaltungsprozesse in der Natur" die Rede ist, der „die gestaltenden Weltenbilder, die großen Weltenimaginationen überall in sich trägt, aus denen alles dasjenige, was in der Natur gestaltet wird, eben hervorgehen muss". (3,9) Derartige Erläuterungen werden nachvollziehbar, wenn man sich darauf einlässt, das Wirken lebendiger Kräfte für sich genommen verstehen zu wollen. Analogien tragen zum Verständnis des Gemeinten bei, indem sie einen Sachverhalt im übertragenen Sinne verdeutlichen. So wird beispielsweise beschrieben, „wie das menschliche Ich als der eigentliche Geist des Menschen im Kohlenstoff lebt, so lebt wiederum gewissermaßen das Welten-Ich im Weltengeist auf dem Umwege durch den Schwefel in dem sich gestaltenden und immer wieder auflösenden Kohlenstoff." (3,10) Hinzu kommt, dass der Mensch (und das Tier) als „unterliegendes Festes" über ein Knochengerüst aus Kalk verfügt, „damit dasjenige, was im Kohlenstoff lebt, bewegt sein kann": „Damit hebt sich der Mensch heraus in seiner beweglichen Kohlenstoffbildung aus der bloß mineralischen festen Kalkbildung, die die Erde hat, und die er auch sich eingliedert, um feste Erde in sich zu haben. Im Kalk, in der Knochenbildung hat er die feste Erde in sich." (3,11)

Es werden also Stoffe in ihrer Verbindung von Physischem und Geistigem lebendig verstanden – so könnte man es im Sinne der anthroposophisch-goetheanistischen Erkenntnistheorie ausdrücken, mit der wir uns bereits beschäftigt haben. (→ Band 1: 3.1) Dadurch verändert sich der Blick auf landwirtschaftlich-praktische Fragen. Für den Stickstoff beispielsweise führt Rudolf Steiner weiter aus: „Das Astralische ist überall, und der Stickstoff, der Träger des Astralischen, ist überall, er webt in der Luft als Leichnam, aber in dem Augenblicke, wo er in die Erde kommt, wird er wiederum lebendig. Geradeso wie der Sauerstoff lebendig wird, wird der Stickstoff lebendig. [...] Er empfindet es als sympathisch, wenn für irgendeinen Boden die richtigen

Pflanzen da sind und so weiter. Und so gießt dieser Stickstoff über alles eine Art empfindendes Leben aus." (3,24) Der gemeinte Vorgang lässt sich durchaus auch im Sinne der konventionellen Agrochemie deuten, die in ihrer Art den in Photosyntheseprodukten gebundenen Stickstoff von dem in der Luft gegenwärtigen unterscheidet. Die damit gewonnenen Erkenntnisse finden sich allerdings sinnvoll ergänzt, wenn der chemische Prozess als Lebensprozess verstanden wird – und genau darum geht es im *Landwirtschaftlichen Kurs.*

Mensch und Welt

Der Ansatz, dass in der Verbindung des Irdischen mit dem Geistigen das Leben erscheint, wird auf die Verbindung der Erde mit dem Weltenall übertragen. Daraus wird abgeleitet, was für die Verbindung von Mensch und Mitwelt gilt: „Denn es darf natürlich nicht so sein für unser Irdisches, dass die Erde da so als Festes hinwandert im Weltenall und sich absondert von der übrigen Welt. Wenn das die Erde täte, dann wäre sie in der Lage, in der ein Mensch wäre, der innerhalb einer Landwirtschaft lebte, aber selbständig bleiben will, das, was da draußen auf dem Acker wächst, außer sich lassen will. Das tut er vernünftigerweise nicht." (3,28) Es sei, so Rudolf Steiner, ja auch gar nicht möglich, sich als Mensch von seiner Umgebung wirklich abzusondern, denn faktisch ist in der Lebenswelt alles miteinander verbunden. Und in dieser Verbundenheit kommt es zu Wechselwirkungen, auf denen alles Leben beruht: „Es muss ein fortwährender Stoffaustausch da sein. Es muss auch zwischen der Erde mit allen ihren Wesen und dem ganzen Weltenall so sein. Alles dasjenige, was auf der Erde in physischen Gestalten lebt, muss zurückgeführt werden können in das Weltenall, gewissermaßen gereinigt und geläutert werden können in dem Weltenall." (3,28)

Dieses Empfinden einer grundsätzlichen Verbundenheit ist nicht neu, sondern schließt an traditionelle Vorstellungen an. So wird mit den speziellen, der Anthroposophie entlehnten Begriffen, Sichtweisen und Deutungen eine Reformation der von Alters her überlieferten Landwirtschaft eingeleitet. Wenn früher die Verbundenheit als Prinzip des Lebens noch ohne weiteres als solche erlebt wurde, geht es nun nämlich darum, sich diese Fähigkeit bewusst wieder zu erarbeiten und zur Grundlage des Handelns zu machen. Im Grunde genommen handelt es sich um praktisch angewandte Ökologie, die im *Landwirtschaftlichen Kurs* vor anthroposophischem Hintergrund entwickelt wird. Was in früheren Zeiten dem Grundempfinden der Landwirt:innen entsprach, kann heutzutage im Sinne einer modernen Ökologie die Methodik spiritualisierten Erkennens sein:

„Nehmen wir nun einen Bauern, den der Gelehrte nicht für gelehrt hält; der geht über seinen Acker. Ja, der gelehrte Mann sagt, der Bauer sei dumm, aber in Wirklichkeit ist das nicht wahr, einfach aus dem Grunde nicht wahr, weil der Bauer – verzeihen Sie, es ist das so – eigentlich ein Meditant ist. Was er in seinen Winternächten durchmeditiert, das ist sehr, sehr vieles. Und er eignet sich das schon an, was eine Art Erwerben geistiger Erkenntnis ist. Er kann es dann nur nicht aussprechen. Und das ist so, dass es plötzlich da ist. Man geht durch die Felder, und plötzlich ist es da. Man weiß etwas, man probiert es nachher. Ich habe das wenigstens in meiner Jugend immer wiederum erfahren, wo ich mit Bauern gelebt habe, durchaus, es ist so.“ (3,35)

Pflanzenart und Pflanzenwesen

Die Anschauung vom Zusammenwirken von Physischem und Geistigen liefert andere Gesichtspunkte für ein Verständnis der chemischen Prozesse, die dem Werden der Pflanzen zugrunde liegen, denn im Eiweiß sind die Stoffe Schwefel, Kohlenstoff, Sauerstoff, Stickstoff und Wasserstoff vereinigt:

„Sehen Sie, wenn irgendwie Kohlenstoff, Wasserstoff, Stickstoff in Blatt, Blüte, Kelch, Wurzel vorkommt, so sind sie überall an andere

Stoffe gebunden in irgendeiner Form. Sie sind abhängig von diesen anderen Stoffen, sind nicht selbständig. Auf zweifachem Wege werden sie nur selbständig, entweder indem der Wasserstoff das alles hinausträgt in die Weiten des Weltenalls und alle Besonderheit der Sache nimmt, es wegzieht, alles in einem allgemeinen Chaos aufgehen lässt, oder aber indem das Wasserstoffliche hineintreibt in die kleine Samenbildung die Eiweißurstoffe und sie dort selbständig macht, so dass sie empfänglich werden für die Einwirkung des Kosmos. In der kleinen Samenbildung ist Chaos, und ganz im Umkreis ist wiederum Chaos. Und da muss aufeinanderwirken Chaos im Samen auf Chaos im weitesten Umkreis der Welt. Dann entsteht das neue Leben." (3,37)

Rudolf Steiner schließt hier an die Betrachtungen vom Vortag (2,18) an, indem er wieder von einer Verbindung spricht, und zwar nun von der zwischen dem „Chaos im Samen" und dem „Chaos im weitesten Umkreis der Welt". Wichtig ist, dass mit dem Begriff „Chaos" nicht etwa ein ungeordnetes Durcheinander gemeint ist, sondern ein „Urzustand", aus dem neues Leben hervorgeht. Das Gemeinte kann man sich analog zu einem Kokon vorstellen, in dem eine Raupe auf dem Weg zum Werden eines Schmetterlings in vollständige Auflösung – in ein Chaos – übergeht. Die Gestalt des neuen Lebewesens erscheint, nachdem sich das Geistige mit dem chaotisierten Physischen verbunden hat.

So verhält es sich auch mit einer jeden Pflanze, die aus dem Ganzen – gemeint ist das Geistig-Urbildliche – heraus erscheint. Wieder ist es so, dass durch diese Anschauung ein praktisch-ökologisches Verhältnis zur Mitwelt begründet wird: „Das ist die Aufgabe, dass man das Pflanzenwesen so ansehen lernt, dass jede Pflanzenart hineingestellt erscheint in einen Gesamtorganismus der Pflanzenwelt, wie das einzelne menschliche Organ in den gesamten Organismus des Menschen hereingestellt erscheint. Man muss die einzelnen Pflanzen als Teile eines Ganzen ansehen können." (3,41)

Das Knochengerüst im Menschen und der Kalk in der Erde waren zu Beginn des Vortrags bereits analog betrachtet worden. (3,11) Nun wird die Wirkung des Kalk im Boden im Zusammenhang mit dem Pflanzlichen beschrieben: „Der Kalk […] will alles an sich heranziehen; er entwickelt im Boden die rechte Begierdennatur. Wer eine Empfindung hat, wird den Unterschied, den man gegenüber einem anderen Stoffe hat, finden. Der Kalk saugt einen ja aus. Man hat da die deutliche Empfindung, es ist dasjenige, was wirklich Begierdennatur zeigt, überall ausgebreitet, wo das Kalkige ist, was eigentlich das Pflanzliche auch heranzieht. Denn alles das, was der Kalk haben will, lebt in dem Pflanzlichen. Es muss ihm nur immer wieder entrissen werden. Womit wird es ihm entrissen? Durch das ungeheuer Vornehme, das gar nichts mehr will." (3,43) Gemeint ist der Kiesel (Silizium), dem in der Landwirtschaft gemeinhin nicht viel Aufmerksamkeit gewidmet wird. In der biologisch-dynamischen Landwirtschaft hingegen ist das anders, denn dort wird er als der „allgemeine äußere Sinn im Irdischen" (3,44) verstanden: „Das Kieselige ist in homöopathischer Dosis überall herum, und das ruht in sich selber, das macht keinen Anspruch. Der Kalk beansprucht alles, das Kieselige beansprucht eigentlich gar nichts mehr. Das ist, wie unsere Sinnesorgane, die auch von sich selbst nicht wahrgenommen werden, sondern die das Äußere wahrnehmen." (3,44) Der Kiesel nimmt vom Kalk auf und trägt ins Atmosphärische, woraus die Formen der Pflanzen gebildet werden. (3,45) Dem Zusammenwirken von Kalk und Kiesel kommt demnach für das Pflanzenwachstum große Bedeutung zu, weil durch ihr Zusammenwirken im Pflanzenwachstum das Irdisch-Physische und Kosmisch-Geistige miteinander verbunden werden.

Das Kapitel kurz und knapp:

- Im Blick auf sieben chemische Elemente (Stickstoff, Kohlenstoff, Sauerstoff, Wasserstoff, Schwefel, Kalk und Kiesel (Silizium) wird erläutert wie die Kräfte der Erde und des Kosmos durch die Stoffe der Erde wirken.
- Ein erweiterter Materiebegriff weist über die Außenseite von Dingen und Wesen hinaus. Nicht erst die Pflanze, sondern bereits das Zusammenwirken verschiedener Kräfte im Stoff selbst ist Ausdruck des Lebens. Stoffe werden in ihrer Verbindung von Physischem und Geistigem lebendig verstanden.
- In der Lebenswelt ist alles miteinander verbunden und es kommt zu Wechselwirkungen, auf denen alles Leben beruht. In einer praktisch angewandten Ökologie wird das zur Grundlage des Handelns.
- Die Anschauung vom Zusammenwirken von Physischem und Geistigem liefert andere Gesichtspunkte für ein Verständnis der chemischen Prozesse, die dem Werden der Pflanzen zugrunde liegen. Eine Pflanze entwickelt sich, indem das „Chaos im Samen“ mit dem „Chaos im weitesten Umkreis der Welt“ verbunden wird.

3.2.1 Ein Blick in die Praxis: Am Anfang ist die Saat

Mit der Saat beginnt alles. Und gerade um dieses kostbare Gut steht es allgemein nicht gut. Während global agierende Konzerne Monopole aufbauen, indem sie manipulieren und patentieren, bemühen andere sich darum, die wirkliche Qualität zu schützen und als Gemeingut zu bewahren. Einer von ihnen ist Patrick Schmidt.

Der passende Moment

Es war für die biologisch-dynamische Landwirtschaft einer der Gründungsimpulse, als Ernst Stegemann sich an Rudolf Steiner wendete und danach fragte, was aus anthroposophischer Sicht hinsichtlich der abnehmenden Saatgut- und Ernährungsqualität getan werden könnte. Die damit angesprochene Problematik hat sich seither weiter zugespitzt und gehört mittlerweile zu den besonders drängenden globalen Herausforderungen. Überall tritt das Phänomen zu tage. „Wir begegnen dem auch in der biologisch-dynamischen Landwirtschaft", weiß Patrick Schmidt und erklärt: „Meistens wird das Saatgut aus ökologischer oder biologisch-dynamischer Saatgutvermehrung eingekauft. Das wird in der Regel Jahr für Jahr wiederholt. Möglicherweise wird die selbe Sorte eingekauft, weil der Landwirt damit gute Erfahrungen gemacht hat. Aber man kann natürlich auch den Anspruch haben, so eine Sorte mal nachzubauen, jedenfalls wenn man das Gefühl hat, dass es der Qualität zuträglich ist."

Schmidt beschäftigt sich damit als Pflanzenzüchter und Ökologe schon seit vielen Jahren und berät landwirtschaftliche Betriebe ent-

Garbe aus der aktuellen Selektionsparzelle zum Bollheimer Hofroggen

sprechend. Darüber hinaus betreibt er in Zusammenarbeit mit dem Demeter-Betrieb „Haus Bollheim“ und der dort ebenfalls ansässigen „Mühlenbäckerei Bollheim, ehem. Zippel“ einen eigenen Zuchtgarten. Das bietet ideale Bedingungen – praktische Gesichtspunkte aus Anbau und Verarbeitung fließen unmittelbar in die Arbeit ein – für seine Forschungen und Versuche, mit denen er beobachten und untersuchen kann, was jenseits der allgemein üblichen landwirtschaftlichen Routinen potenziell noch erschlossen werden kann. „Man hat in einem Wirtschaftsbetrieb bestimmte Saatzeiten“, erläutert er. „Die sind jedes Jahr sehr ähnlich. Es ist ein bestimmtes Zeitfenster, und was dahinter oder davor ist, kommt gar nicht so sehr in Betracht. Aber da könnte beispielsweise eine Qualität zu finden sein, die näher am Sommer oder am Winter liegt. Das macht der Landwirt aber nicht, weil er an den noch zu feuchten Boden nicht heran kommt. So bleiben unter Umständen Qualitäten unerschlossen, nur weil zu wenig Bewusstsein dafür besteht, was passiert, wenn man zu anderen, bestimmten Zeiten sät. Mit solchen Überlegungen, wie die Gegebenheiten erweitert werden können, beginnt die Biodynamik.“

Es geht also darum, wohlüberlegt und unter Einbezug vieler verschiedener Gesichtspunkte die Zeitpunkte der Aussaat zu bestimmen. In der biologisch-dynamischen Landwirtschaft beruht das auf einer ganzheitlichen Wahrnehmung der Pflanzen und der Natur, bis hin zu astronomischen Konstellationen. Gleiches gilt für den Zeitpunkt der Ernte: „Der ist üblicherweise durch Maschinen vorgegeben, die nur zur Totreife des Getreides eingesetzt werden können. Die relative Feuchtigkeit darf nur bei 13 bis 16 Prozent liegen. Liegt man darüber, muss nachgetrocknet werden. In der Vollreife kann das Getreide also noch nicht geerntet werden, weil der Feuchtigkeitsanteil dann für die Maschinen noch zu hoch ist.“

Den Moment, in dem das Getreide vor der Totreife noch in einer gewissen Lebendigkeit ist, hat man in der Landwirtschaft früher noch berücksichtigt. Der Schnitt erfolgte in der Vollreife, sogar auch schon Ende der Gelbreife. Dadurch wurde das Getreide vom Boden und all dem was die Erde tut abgelöst. In Garben aufgesetzt erfolgte die Trocknung durch die Wärme der Sonne. Schmidt sieht darin einen wichtigen Qualitätsprozess, der verloren geht, wenn man die Pflanzen bis zur Totreife ungeerntet lässt. „Früher verfuhr man mit der Heuernte ähnlich", sagt er, „indem man es zur Trocknung aufgereutert hat. Die Qualität ist vielfach besser, als wenn das Heu lange auf dem Boden, also in der Region der Taubildung, liegen muss."

Der Einfluss des Menschen

Das besonders umsichtige und pflegende Verhältnis des Menschen zur Natur ist in der biologisch-dynamischen Landwirtschaft selbstverständlich. Aber heutzutage glücklicherweise nicht nur da, denn auch viele andere Verbände stehen für eine ökologisch sinnvolle Landwirtschaft. Man weiß, dass chemische Dünger und Herbizide sehr stark degenerierend wirken. Mit solchen Mitteln bekämpft man in der konventionellen Landwirtschaft Krankheiten, statt die Gesundheit und Resilienz zu fördern. Und Schmidt fügt hinzu: „Man arbeitet auf den Hochertrag hin, indem man die Pflanze so umgestaltet, dass sie ganz im Irdischen verhaftet bleibt. Die Wärme- und Lichtkräfte kommen nicht mehr richtig zum tragen."

Wenn stattdessen ein landwirtschaftlicher Betrieb mit Herz und Liebe geführt wird, kann die Wahrnehmung der Natur zu Ergebnissen führen, die sich mit den Aussagen der Anthroposophie decken. „Es gibt sehr viele verschiedene Möglichkeiten der ökologischen Hofentwicklung", fasst Patrick Schmidt seine Erfahrungen als Berater zusammen. Aber er hebt auch hervor, dass es ganz bestimmte Bedingungen sind, die eine ausgewogene Pflanzenzucht erst möglich machen. In einem konventionellen Betrieb sind die nicht gegeben, weder bezüglich des Bodens, noch von dem was die Pflanzen mitbringen.

Um zu erläutern, was er meint, spricht er von einer „Schale" des Bodens und des Hoforganismus, „die in der Lage ist, die Kräfte aus dem Kosmos aufzunehmen." Klar, dass der in der konventionellen Landwirtschaft vernachlässigte Humusaufbau, und ebenso die Austreibung des Lebendigen mit Giften dem entgegen wirken. Hinzu kommt vielfach eine rücksichtslose Landschaftsgestaltung, bei der Hecken ausgeräumt werden. Es gibt dann keine wirklichen Lebensräume mehr, auf die es aber ankommt, wenn man Wirkungen aus dem Kosmos auffangen will.

Von ganz entscheidender Bedeutung ist aber auch der Landwirtschaft betreibende Mensch selbst. Er ist es ja, der die Wahrnehmung aller Vorgänge macht, der den Boden und die Pflanzen erlebt. Schmidt meint, dass all das vom Landwirt in der Zeit der Samenruhe meditiert und auf diese Weise tief verinnerlicht werden kann.

Es ist ein besonderer Prozess, der beginnt, wenn ein Landwirt sich entschlossen hat, das Saatgut selbst nachzubauen. In gewisser Weise schließt sich erst dann der Kreis. „Er nimmt die Folgen des ganzen Geschehens wahr. Baut er das Saatgut nach, hat er da das Vorjahr drin. Das offenbart sich ihm, er nimmt teil am Werde- und Wandlungsprozess. Beim gekauften Saatgut kann man das nicht mitverfolgen." Überhaupt ist die Wahrnehmung ein wichtiges Element, denn sie bildet den Ausgangspunkt der Korrespondenz des Menschen mit der Natur. Patrick Schmidt weiß aus Erfahrung, dass sich diese Fähigkeit Jahr für Jahr immer weiter entwickeln kann. „Mit der Zeit nimmt die Schlüssigkeit der Wahrnehmungen zu. Der Landwirt kennt den Gesamtorganismus seines Betriebes, hat Erfahrungen gesammelt und schaut damit die im gegenwärtigen Jahr werdende Pflanze an. Da erschließen sich neue Erkenntnisse zu den verschiedenen Phänomenen. Erweitert er gleichzeitig seine Kenntnisse über den Kosmos, ergeben sich weitere Perspektiven. Die Pflanze nimmt ja nicht nur im Augenblick der Aussaat etwas auf, sondern während der ganzen Zeit ihres Wachstums."

Schmidt sagt, dass man ja gerade im Herbst 2022 gewaltige Wachstumskräfte wahrnehmen konnte. Und dann weißt er darauf hin, dass im Oktober der Saturn im Steinbock, Venus, Merkur und Sonne in der Jungfrau, und der Mars im Stier waren. Beteiligt an der besonderen

Konstellation war auch der Jupiter mit den Fischen, die auf die Reproduktionskräfte der Pflanzen wirken. „Alle Planeten, abgesehen vom Jupiter“, sagt er, „waren im Lebensätherischen dieser drei Sternbilder. Dieses Jahr war davon geprägt. Erweitert der Landwirt seinen Erkenntnisbereich in das Kosmische und in die Schicht der Jahresfeste hinein, entsteht mit der Zeit ein Gesamtbild, mit dessen Hilfe die Betrachtung der Pflanzen eine ganz andere wird.“

Wenn es schließlich um die Entwicklung eigener Hofsorten geht, kann der Ausgangspunkt bei alten, von modernen Züchtungsmethoden noch unberührten Getreiden genommen werden. Deren Potenziale können erschlossen werden. „Der Weg dahin führt u.a. über die Selektion und Weiterentwicklung der zuchtwertigen sowie der unserer heutigen menschlichen Ernährung am besten entsprechenden Varianten und von den Vermehrungsstufen bis zur Produktion. Das schließt die Regenerationsarbeit an Sorten, die bei einem Landwirt im momentanen Anbau sind und sich als Hofsorte eignen könnten, nicht aus. Jeder langfristige Nachbau bedarf der aufmerksamen Pflege, damit über die Jahre Abbauerscheinungen entgegengewirkt werden kann. Im Weiteren kann sich dann eine eigene, den Eigenschaften des Hofes vollständig angepasste Sorte entwickeln.“

Pflanzen und betrieblicher Organismus

Versteht man die Pflanzen als Teil des betrieblichen Organismus, wird man für das Zusammenleben mit ihnen aufmerksam sein. Patrick Schmidt erlebt in seiner Zusammenarbeit mit verschiedenen landwirtschaftlichen Betrieben, wie sich das Bewusstsein dafür im Umgang mit der Saatgutfrage entwickelt. So berichtet er von einem Landwirt, der die Hofsortenentwicklung zur ganz persönlichen Sache gemacht hatte, und wie hernach entscheidende, gute Ergebnisse erzielt wurden. „Ich habe mit dem Landwirt zusammen gesät. Wir gingen sehr genau vor, haben von Hand die Furchen gezogen und gesät. So entstand ein unmittelbares Bewusstsein für unser Tun. Von diesem Zeitpunkt an hat der Landwirt das unter seine Fittiche genommen, es nicht delegiert, sondern es selber gemacht. Seitdem sehen die Ergebnisse anders aus. Die Gesamtanlage macht einen völlig anderen Eindruck. Die Wahrnehmung des beteiligten Landwirts hat Wirkungen, schon weil andere Bedingungen geschaffen werden, und auch weil die Seelenkräfte des Landwirts mitwirken. Die Pflanzen leben nun in seiner Seele mit, was wiederum in den ganzen Hoforganismus ausstrahlt. Da gibt es einen Zusammenhang, der förderlich wirkt."

Der ganze Vorgang wird noch stärker individualisiert, wenn der Landwirt auch die Selektion durchführt. Damit verbinden sich allerdings besondere Anforderungen, weil dieser mühsame Schritt eine Woche vor dem Mähdrusch stattfindet. „In dieser Zeit drängt es in der Landwirtschaft von überall her, so dass man sich wirklich durchringen muss, diese Arbeit auch noch zu tun. Aber es lohnt sich, denn bei der Entwicklung und Züchtung von Pflanzen finden Umwandlungsprozesse statt, die der Bauer für seinen eigenen Betrieb voraussehen kann."

Geduldige Arbeit führt schließlich zu den gewünschten Ergebnissen. Patrick Schmidt erklärt sein Vorgehen und berichtet dabei von einem Erfolg, über den er sich besonders gefreut hat: „Aus einem Emmer ist etwas über mehrere Schritte entstanden, was schon die Andeutung eines Weizens war. Das konnte ich sehen. Die äußere Form war nicht mehr Emmer, sondern schon etwas die Weizenform. Das kann ich als Mensch sehen und nehme diejenigen heraus, die schon am deutlichsten zeigen, wo sie hinwollen oder -sollen. Solche Entscheidungsfragen erarbeitet man sich im Umgang mit dem Lebendigen. Wenn ich das dann nachbaue, sehe ich vielleicht, dass es schon ein Stückchen weitergegangen ist. Die Pflanze hat eine Antwort auf meine Vorstellungen gegeben. Und dann, am Ende des Prozesses, der zehn Jahre gedauert hat, ist ein fertiger Weizen da."

Dass für die Saatgut- und Ernährungsqualität viel getan werden muss, steht außer Frage. Dennoch ist es so, dass im landwirtschaftlichen Alltag oft die Zeit dafür fehlt. „Die biologisch-dynamische Bewegung leidet erheblich unter den wirtschaftlichen Zwängen", resümiert Patrick Schmidt. „Darum kommt manches zu kurz. Man kann bezüglich der Pflanzen- und Bodenentwicklung weniger Wagnisse eingehen, und man ist schnell mit einfachen, praktikablen Lösungen einverstanden. – Bezüglich der Nahrungsqualität leben wir Menschen gegenwärtig allgemein in einer gewissen Not. Das Verständnis, das an den Pflanzen gearbeitet werden muss, ist oft nicht stark genug. Die biologisch-dynamischen Sorten funktionieren für das Brotbacken ganz gut. Aber es gibt noch sehr viel mehr zu erringen. Das hat meines Erachtens viel mit Licht, Wärme und den kosmischen Kräften zu tun, denn das bewirkt die Umgestaltungen an einer Pflanze. Pflanzen brauchen ein großes Spektrum, sie müssen tief verwurzelt sein, um sich mit dem Mineralischen verbinden zu können, und sie brauchen eine entsprechende Wuchshöhe, um sich mit dem Kosmischen verbinden zu können. Auf die so entstehende Qualität greifen wir durch die Nahrung mit unseren Seelenkräften unmittelbar zurück. Die Qualität der Saat und die der Ernährung hängen unmittelbar zusammen."

3.3 Den Geist in der Natur verstehen

Motive aus dem Vortrag am 12. Juni 1924

Alle Organismen existieren, weil in ihnen irdische Stoffe mit belebenden Kräften verbunden werden. Das ist ein Weltprozess, der sich in der Natur ebenso ereignet wie im menschlichen Organismus. In diesem Sinne kann auch die Landwirtschaft verstanden werden.

Wirken der Stoffe

Nach dem Eröffnungsvortrag am 7. Juni 1924 hatte Rudolf Steiner in den ersten beiden Vorträgen des Kurses schon einiges dazu entwickelt, wie es gelingen kann, „die Natur und die Wirkung des Geistes in der Natur im Großen anzuschauen". Dieses Motiv wird jetzt gewissermaßen zur einleitenden Überschrift des dritten Kursvortrags. Wenn man nachvollziehen will, wie aus der Anthroposophie heraus geisteswissenschaftliche Methoden für eine Erneuerung der Landwirtschaft entwickelt und dargestellt werden, setzt das ja voraus, dass hinsichtlich der Natur das Große und Ganze in den Blick genommen wird. Nicht vom vermeintlich Allerkleinsten ausgehend verläuft der Weg zur Einsicht in umfassende Prozesse und Zusammenhänge des Lebens, sondern umgekehrt vom Ganzen zum Teil. Dieser methodische Hinweis wird den weiterführenden Darstellungen vorangestellt:

„Aber die Welt, in der der Mensch und andere Erdenwesen leben, sie ist ja durchaus nicht etwas, was man nur von kleinen Kreisen aus beurteilen kann. So zu verfahren gegenüber dem, was eigentlich in Betracht kommt gerade zum Beispiel bei der Landwirtschaft, wie heute die landläufige Wissenschaft verfährt, würde ebenso sein, wie wenn man die ganze Wesenheit des Menschen erkennen wollte, sagen wir, aus seinem kleinen Finger und aus dem Ohrzipfel, und von da aus sich aufbauen wollte dasjenige, was im großen und ganzen in Betracht kommt. Demgegenüber müssen wir stellen wiederum – und das ist heute so notwendig wie nur irgend möglich – eine wirkliche Wissenschaft, die auf die großen Weltzusammenhänge geht.“ (4,1)

Große Weltzusammenhänge sind es auch, die bezüglich der Ernährung zu beachten sind. Schließlich ist die Aufnahme von Nahrung die unmittelbarste Teilhabe an der Welt. Aber was ist es eigentlich, was den Menschen nährt, wenn er mit seinen Nahrungsmitteln quasi ein Stück der Mitwelt zu sich nimmt? Legt man zugrunde, was in den vorangegangenen Vorträgen entwickelt wurde, sind es eben nicht nur Stoffe, sondern auch die mit ihnen verbundenen lebendigen Kräfte, die der Ernährung dienen. Diese Tatsache ist für ein Verständnis des Vorgangs der Ernährung von entscheidender Bedeutung, „… so dass man sagen muss, nicht um eine gewichtsmäßige Anordnung im Stoffwechsel handelt es sich hauptsächlich, sondern darum handelt es sich, ob wir mit den Nahrungsmitteln die Lebendigkeit der Kräfte in der richtigen Weise in uns aufnehmen können.“ (4,5)

Für diese Erklärung kommt direkt zum tragen, was vorher zur Verbindung der physisch-irdischen Stoffe mit den geistig-kosmischen Kräften gesagt worden war. Die Ernährung erfolgt durch die Teilhabe an diesem allgegenwärtigen Weltprozess. Für die landwirtschaftliche Betätigung ergibt sich daraus ein essenziell bedeutender Ausgangspunkt, denn es geht in ihr immer um genau diese Wirkungsweise des Stofflichen und der Kräfte, die mit der Nahrung vermittelt werden. (4,8)

Im Ernährungsprozess werden lebendige Kräfte aufgenommen, die dem Aufbau des Leibes zugute kommen. Im Kleinen, auf den Organismus eines einzelnen Lebewesens bezogen, findet demnach statt, was sich im Großen als grundsätzlicher Lebensvorgang in der Natur ereignet: die Verbindung von Stoffen und Kräften, von Materie und Geist. Vereinfacht gesprochen geht es darum, das Leben mit lebendigen

Kräften zu fördern. Dieses, im Blick auf Welt und Mensch entwickelte Prinzip wird nun auf den Kompost angewendet, der später als das „anspruchsloseste Düngemittel" (4,19) bezeichnet wird. Nach der Verbindung von Materie und Geist in den chemischen Prozessen und den Ernährungsvorgängen im Menschen geht es nun darum, einen Prozess einzuleiten, dessen Ergebnis der Natur – gleichsam zwischen der Welt und dem Menschen – selbst zugute kommt. In seiner Erläuterung vergleicht Rudolf Steiner zunächst einen Baum mit einem Komposthaufen, insofern Borke und Rinde des Baumes als Umhüllung der Pflanze jener Erde sehr ähnlich sind, die aus dem Kompost hervorgeht. (4,9) Das Ausgangsmaterial, das in einem humusreichen, runden Erdhügel – liest man die Ausführungen im *Landwirtschaftlichen Kurs* genau, ergibt sich, dass tatsächlich eine ganz bestimmte, eben kreisrunde Form gemeint ist – mit einer kraterförmigen Vertiefung aufgeschichtet ist, trägt Ätherisch-Lebendiges in sich, das jetzt aber eben nicht zur Umhüllung einer Pflanze wird:

„Wenn wir ein solches Erdiges haben, das in seiner besonderen Beschaffenheit uns zeigt, dass es Ätherisch-Lebendiges in sich hat, so ist es eigentlich auf dem Wege, die Pflanzenumhüllung zu werden. [...] Wenn nämlich für irgendeinen Ort der Erde ein Niveau, das Obere der Erde, vom Inneren der Erde sich abgrenzt, so wird alles dasjenige, was sich über diesem normalen Niveau einer bestimmten Gegend erhebt, eine besondere Neigung zeigen zum Lebendigen, eine besondere Neigung zeigen, sich mit Ätherisch-Lebendigem zu durchdringen. Sie werden es daher leichter haben, gewöhnliche Erde, unorganische, mineralische Erde, fruchtbar zu durchdringen mit humusartiger Substanz oder überhaupt mit einer in Zersetzung begriffenen Abfallsubstanz, wenn Sie Erdhügel aufrichten und diese damit durchdringen. Dann wird das Erdige selber die Tendenz bekommen, innerlich lebendig, pflanzenverwandt zu werden. Derselbe Prozess geht vor bei der Baumbildung. Die Erde stülpt sich auf, umgibt die Pflanze, gibt ihr Ätherisch-Lebendiges um den Baum herum." (4,10 und 11)

Kompostdüngung

Im Sinne der bis jetzt gegebenen Erläuterungen wird Düngung im biologisch-dynamischen Sinne als Verlebendigung der Erde verstanden. In eine solche Erde werden die Pflanzen gebracht, die es darum leichter haben, „aus ihrer Lebendigkeit heraus das zu vollbringen, was bis zur Fruchtbildung notwendig ist." (4,13) Bezüglich der an bestimmten Orten notwendigen Düngung geht es also ebenfalls um einen Prozess der (fortgesetzten) Verlebendigung, der analog zum Vorgang der Ernährung verstanden werden kann:

„Wir müssen, da wir in vielen Gegenden der Erde nicht darauf rechnen können, dass die Natur selber genügend organische Abfälle in die Erde hineinversenkt, die sie dann so weit zersetzt, dass wirklich die Erde genügend durchlebt wird, wir müssen dem Pflanzenwachstum mit der Düngung zu Hilfe kommen in gewissen Gegenden der Erde. Am wenigsten in den Gegenden, wo sogenannte Schwarzerde ist. Denn diese ist eigentlich so, dass die Natur selber das besorgt, dass die Erde genügend lebendig ist, wenigstens in gewissen Gegenden." (4,13)

Die ausgesprochene Wertschätzung des Komposts zeichnet die biologisch-dynamische Landwirtschaft aus. Es geht in ihr eben nicht nur um die Rückführung von „Abfällen" in den natürlichen Kreislauf, sondern um eine Wertschätzung gegenüber der Herkunft aller Leibesformen. Sie stammen aus Prozessen, die über die bloßen Stoffe hinaus reichen. Das Astralische und das Ätherisch-Lebendige ist im Kompostgut noch gegenwärtig: „Nun sehen Sie, man sollte solche Dinge eigentlich durchaus nicht verachten, sie enthalten noch etwas bewahrt nicht nur von Ätherischem, sondern sogar von Astralischem. Das ist wichtig. In dem Komposthaufen haben wir tatsächlich von alle demjenigen, was da hereinkommt, Ätherisches, Ätherisch-Wesendes, Lebendes, aber auch Astralisches. Und zwar haben wir ein wesendes Ätherisches und Astralisches darinnen in einem nicht so starken Grade wie im Dünger oder der Jauche, aber wir haben es gewissermaßen standhafter; es macht sich sesshaft darinnen, namentlich das

Astralische macht sich sesshafter.“ (4,19) Diese Beschaffenheit macht die Komposterde zu einem Dünger, mit der man „dem Boden etwas mitteilt, was die Neigung hat, sehr stark das Astralische mit dem Erdigen ohne den Umweg des Ätherischen zu durchdringen.“ (4,20)

Dass der Prozess der Düngung nicht nur im Sinne einer konventionellen Agrochemie verstanden wird, sondern als Lebensprozess, der „wirklich sehr ähnlich ist einem gewissen Prozess im menschlichen Organismus“ (4,21), ermöglicht es auch in diesem Zusammenhang den Betrieb als landwirtschaftliche Individualität zu verstehen. „Was ich dadurch andeuten will, ist hauptsächlich das, dass man das ganze landwirtschaftliche Wesen eben mit der Überzeugung behandeln muss, dass man das Leben überallhin, ja sogar das Astralische überallhin ergießen muss, damit die ganze Sache wirke.“ (4,22)

Hornmist- und Hornkieselpräparat

Nach seinen Ausführungen zur Verlebendigung der Erde und zur Handhabung von Kompostierung und Kompostdüngung beginnt Rudolf Steiner nun mit seinen Erläuterungen zur Herstellung der besonderen biologisch-dynamischen Präparate. Zunächst spricht er in diesem Vortrag über den Hornmist und den Hornkiesel, also über jene Präparate, die einige Monate vorher erstmals hergestellt worden waren. (→ 2.1) Naheliegend ist dabei zunächst die Frage, warum als Hülle für die Herstellung dieser Präparate Kuhhörner verwendet werden? Zur Beantwortung dieser Frage ist wichtig, dass es sich bei den Hörnern evolutionsbiologisch um verwandelte Zähne handelt. Von daher sind sie in gewisser Weise dem Verdauungsorganismus zuzurechnen. Ferner gilt für horntragende Tiere (mit Ausnahme der Nashörner und Elefanten, deren Schädel im Gegensatz zu dem der Kühe die Hornbildung nicht mitvollziehen), dass sie über Vormägen verfügen, die eine besondere Futterverwertung ermöglichen. Rudolf Steiner umschreibt diesen Sachverhalt, indem er sagt:

„Die Kuh hat Hörner, um in sich hineinzusenden dasjenige, was astralisch-ätherisch gestalten soll, was da vordringen soll beim Hineinstreben bis in den Verdauungsorganismus, so dass viel Arbeit entsteht gerade durch die Strahlung, die von Hörnern und Klauen ausgeht, im Verdauungsorganismus. [...] Nun, sehen Sie, dadurch haben Sie im Horn etwas, was durch seine besondere Natur und Wesenheit gut dazu geeignet ist, das Lebendige und Astralische zurückzustrahlen in das innere Leben. Etwas Lebenstrahlendes, und sogar Astralisch-Strahlendes haben Sie im Horn." (4,25)

Die erste Substanz, die zur Herstellung eines Präparates verwendet werden kann, ist der Stalldünger, der im Organismus der Kuh aus der aufgenommenen Nahrung geworden ist. Der dem zugrunde liegende Prozess, bei dem in der Verdauung Stoffe mit verlebendigenden Kräften zusammengebracht werden, ist mit dem Dünger verbunden: „Es hat sich durchzogen im Astralischen mit den Kräften, die stickstofftragend sind, im Ätherischen mit den Kräften, die sauerstofftragend sind. Mit dem hat sich die Masse, die nun als Mist erscheint, durchdrungen." (4,26) Nun geht es darum, die Wirksamkeit des Stalldüngers zu erhöhen, indem die Masse, die „Ätherisches und Astralisches aus dem Innern der Organe heraus ins Freie" trägt, in einem Kuhhorn für einen bestimmten Zeitspanne in der Erde vergraben wird. (4,27)

Dem Horn kommt im Erdboden die gleiche Aufgabe zu wie vordem am Leib der Kuh. An ihrer Stelle finden die verlebendigenden Prozesse nun aber in der Erde statt. Die Kräfte, die in der Kuh im Prozess der Verdauung wirksam waren, werden konserviert: „Dadurch, dass das Kuhhorn äußerlich von der Erde umgeben ist, strahlen alle Strahlen in seine innere Höhlung hinein, die im Sinne der Ätherisierung und Astralisierung gehen. Und es wird der Mistinhalt des Kuhhorns mit diesen Kräften, die nun dadurch alles heranziehen aus der umliegenden Erde, was belebend und astralisch ist, es wird der ganze Inhalt des Kuhhorns den ganzen Winter hindurch, wo die Erde also am meisten belebt ist, innerlich belebt. Innerlich belebt ist die Erde am meisten im Winter. Das ganze Lebendige wird konserviert in diesem

Mist, und man bekommt dadurch eine außerordentlich konzentrierte, belebende Düngungskraft in dem Inhalte des Kuhhorns.“ (4,29)

Ebenfalls in einem Kuhhorn wird der Hornkiesel hergestellt. Dazu wird das Horn mit einem Brei gefüllt, der aus Quarz oder Silizium mit Wasser gemischt ist. Das Horn wird nun aber über die Sommermonate hinweg im Erdboden bewahrt. Beide Präparate werden jeweils eine Stunde lang in Wasser gerührt, bevor sie auf die Pflanzen ausgespritzt werden. (4,33) Auf diese Weise werden die verlebendigen Kräfte mit den Wachstums- und Entwicklungsprozessen in der Natur verbunden. Für den Menschen ergeben sich dadurch Nahrungsmittel, die nicht nur magenfüllend, sondern wirklich nährend sind.

„Aber Sie sehen, in dem, was so gesprochen wird aus der Geisteswissenschaft heraus, liegt ja zugrunde der ganze Haushalt der Natur. Es wird aus dem Ganzen heraus gedacht; daher ist das Einzelne, was man sagen muss, maßgebend für das Ganze. Es kann gar nichts anderes herauskommen, wenn man so die Landwirtschaft betreibt, als dass sie für den Menschen und für die Tiere das Beste gibt. Es wird sogar überall bei der Betrachtung von dem Menschen ausgegangen, der Mensch wird zur Grundlage gemacht. Dadurch ergeben sich die Winke, die gegeben werden dafür, dass sich die Menschennatur am allerbesten unterhält. Das ist dasjenige, was diese Form von Betrachtung unterscheidet von denjenigen, die heute üblich sind.“ (4,37)

Das Kapitel kurz und knapp:

- Geisteswissenschaftliche Methoden für eine Erneuerung der Landwirtschaft werden entwickelt und dargestellt, indem hinsichtlich der Natur das Große und Ganze in den Blick genommen wird.
- Nicht nur Stoffe, sondern auch die mit ihnen verbundenen lebendigen Kräfte, dienen der Ernährung. Physisch-irdische Stoffe werden mit geistig-kosmischen Kräften verbunden.
- Borke und Rinde des Baumes als Umhüllung der Pflanze sind jener Erde sehr ähnlich, die aus dem Kompost hervorgeht. Sie zeigt eine besondere Neigung, sich mit Ätherisch-Lebendigem zu durchdringen. Düngung als Prozess der Verlebendigung der Erde kann analog zum Vorgang der Ernährung verstanden werden.
- Zur Herstellung von Hornmist und Hornkiesel werden Kuhhörner verwendet, die dem Prozess der Verlebendigung im Verdauungsorganismus dienen. Im Erdboden kann so vom Mist oder Kiesel aufgenommen werden, was der Ätherisierung und Astralisierung dient.

3.3.1 Ein Blick in die Praxis: Verlebendigen der Erde

Im biologisch-dynamischen Sinne ist die Verlebendigung der Erde ein wichtiges Anliegen. Dabei geht es nicht nur um die im Boden und Pflanzenwachstum vertretenen chemischen Elemente, sondern auch um Lebenskräfte. Marcel Waldhausen beschäftigt sich seit vielen Jahren intensiv mit dieser Thematik.

Komposterde

Das genaue Studium der Vortragsnachschriften vom *Landschaftlichen Kurs* führte zur verblüffenden Erkenntnis, dass die dort von Rudolf Steiner gemachten, sehr präzisen Angaben zur Anlage eines Komposthaufens bis dato nicht exakt umgesetzt wurden. Er beschrieb damals nämlich eindeutig eine runde Form mit einer trichterförmigen Einwölbung in der Mitte. Rudolf Steiner hat das sogar an die Tafel gezeichnet und genau beschrieben, wie diese Form auf das Kompostgut wirkt. Marcel Waldhausen war verblüfft: „Es war für mich wieder eine Initialzündung bezüglich dessen, wie Rudolf Steiner in Koberwitz die Düngung entwickelt hatte."

Bei seinen regelmäßigen Besuchen auf Demeter-Höfen in Nordrhein-Westfalen erlebt Waldhausen, dass man auf manchen Betrieben oft leider zu wenig aufmerksam für den Kompost ist oder glaubt, dass man nur die Präparate in den Kompost geben muss, um den besten Dünger zu erhalten. Auf anderen Betrieben geht man dagegen sehr ordentlich vor, allerdings eher im Sinne der gängigen Praxis, in der man sich verschiedener Verfahren bedient (aerob, festdrücken, wässern, umsetzen, usw.) „Dabei“, so Waldhausen, „ist kaum bekannt, wie Rudolf Steiner das Thema angelegt hat. Über die von ihm gemeinte und beschriebene Kaskade wird zu wenig gewusst.“

Grundsätzlich besteht bei keinem Landwirt Zweifel darüber, dass man vieles kompostieren, und damit zum Bodenaufbau beitragen kann. Aber das für sich genommen reicht noch nicht an das biologisch-dynamische Verständnis heran, demzufolge es um ein viel tiefer reichendes Bewusstsein für Beschaffenheit und Wirkung dieser besonderen, düngenden Erde geht. „Manche Landwirt:innen kümmern sich auf ihre Weise um die Kompostierung, errichten eigene Anlagen, in denen unter Dach alles mögliche kompostiert wird. Damit tragen sie den heutigen regionalen Bestimmungen Rechnung, denen zufolge Mieten auf den Feldern wegen dem möglichen Nitrateintrag nicht mehr erlaubt sind.“

Im *Landwirtschaftlichen Kurs* ist, als Rudolf Steiner auf den Kompost zu sprechen kommt, die Rede von aufgeworfener Erde, die einem Baum sehr ähnlich sei. Demnach ist der zur Verwendung fertige Kompost gemeint. „Da ist vorher alles hineingekommen was eben angefallen ist: Grünzeug, Futterreste, aber auch Tierkadaver – aber kein Mist“, erklärt Waldhausen, „Diese Komposterde, die fertige, ist kurz davor, Pflanzenumhüllung zu werden. Sie verfügt also über ein großes Potenzial. Ginge es von da aus noch einen Schritt weiter, würde diese Erde zur Pflanzenumhüllung. Beim Baum ist es umgekehrt. Da ist die Umhüllung ganz nah am Erdigen. Der Baum ist, wie Rudolf Steiner es mal sagte, ‚aufgestülpte Erde‘. (7,12) Indem nun die fertige Komposterde als Dünger ausgebracht wird, beginnt die Kaskade.“

Der Versuch

Das Kompostgut wird in einer runden Form in Schichten aufgesetzt

Es ist ein sonniger Herbsttag, als wir uns auf Hof Sackern, einem Demeter-Betrieb in Nordrhein-Westfalen, treffen, um einen Versuch zu starten. Wir wollen einen Komposthaufen genau so aufsetzen, wie er in Koberwitz beschrieben wurde. In gewisser Weise ein aufregender Moment, denn es ist vielleicht das erste Mal, dass die Angaben zum Komposthaufen aus dem *Landwirtschaftlichen Kurs* in dieser Weise umgesetzt werden. Zählt man den Fotografen mit, der unsere Arbeit begleitet, sind wir zu fünft am Werk.

Der Ort für den Komposthaufen befindet sich unter einer Gruppe alter Eichen. Mit dem Geräteträger ist allerhand Kompostgut angefahren worden, das wir jetzt Schicht für Schicht in einer kreisrunden

Jede Schicht wird mit Rotte (anstelle von Torf) aus einem vorjährigen Kompost abgedeckt

Die Zwischenabdeckungen werden zusätzlich mit Kalk bestreut

Aus dem geschichteten Aufbau ergibt sich mittig eine trichterförmige Vertiefung

Der Komposthaufen ist etwa 1,2 Meter hoch, bei einem Durchmesser von etwa vier Metern

Der Kompost wird präpariert

Die fertige runde Form, wie sie im Landwirtschaftlichen Kurs *angegeben wurde*

Form von etwa vier Metern Durchmesser übereinander legen. Jede Schicht wird mit Rotte (anstelle von Torf) aus einem alten Komposthaufen und Ätzkalk abgedeckt – so hatte Rudolf Steiner es beschrieben –, bevor eine neue Schicht wallförmig darüber gelegt wird. Dadurch bleibt das Zentrum des Kreises frei und es entsteht in der Mitte nach und nach die gewünschte trichterförmige Vertiefung.

Bemerkenswert war für uns, dass sich diese Form schon während der Arbeit absolut stimmig anfühlte. Einer von uns suchte nach einem Bild, um auszudrücken, was er empfand und kam auf einen Apfel, der zur einen Hälfte unter der Erde, zur anderen Hälfte über der Erde ist. Mit diesem Bild ist vielleicht mehr erfasst, als nur die geometrische Form des Komposthaufens. Denn es geht ja um Lebenskräfte, die mit dem Pflanzenmaterial verbunden sind, und die nun in einen Vorgang der Wandlung überführt werden. In Koberwitz hat Rudolf Steiner all das ganz genau beschrieben.

Marcel Waldhausen geht darauf ein und sinniert: „Ausgangspunkt ist, dass wir Reste aus einem Wirtschaftsjahr haben, die ja noch Ätherisches und Astralisches tragen. Das kommt in den Kompost, denn das Leben ist für diese Reste zu ende. Damit wird der Pflanzenkompost aufgesetzt. Und dann ist der Kompost irgendwann fertig und hat das Potenzial Pflanzenumhüllung zu werden. Es sind Kräfte die auch im Menschen und im höher entwickelten Tier wirken. Aber diese Kräfte bewirken bei den Pflanzen nur die Bildung von Stängel und Blatt, nicht die von Blüte, Frucht und Samen. Alles bleibt im ganz Vegetativen, sich Ausbreitenden. Damit wird der Boden belebt, in eine Entwicklungsbewegung versetzt."

In seiner Tätigkeit als Demeter-Berater sind der Kompost und die biologisch-dynamischen Präparate für Marcel Waldhausen ein besonderes Anliegen. Er hat sich in die im Landwirtschaftlichen Kurs entwickelte Systematik tief eingearbeitet. Darum wirbt er bei seinen Besuchen auf den Höfen immer wieder für den Kompost, mit dem alles beginnt. Aber es ist nicht selten ein zähes Unterfangen. „Immer wieder höre ich von den Bauern, dass sie nicht genug Material haben. Man hat aber so gesehen nie genug von diesem betriebseigenen Wirtschaftsdünger, jedenfalls solange man es nicht genau in die Fruchtfolge einplant und über das Jahr hinweg intensiv genug sammelt.“ Folgt man dem *Landwirtschaftlichen Kurs* handelt es sich bei der fertigen Komposterde um einen wertvollen Dünger, der auf die Wiesen und Weiden, zu Blattpflanzen und Obstbäumen ausgebracht werden soll. Auf diese Weise wird der Boden belebt. „Wenn da die Pflanze hineinkommt“, referiert Waldhausen, „braucht sie weniger eigene Kräfte zum Gedeihen, denn es wirkt das besagte Potenzial. Alles Pflanzliche hat gewissermaßen etwas leicht Parasitäres, das nun in dieses besondere Milieu hineinkommt.“

Die Düngerkaskade

Wenn dann die Rinder kommen und die Pflanzen fressen, leisten sie auf ihre Weise einen wichtigen, unverzichtbaren Beitrag im landwirtschaftlichen Kreislauf. „Es beginnt nun der einzigartige Verdauungsprozess im Rind, der etwas Meditatives hat, was man schon daran bemerkt, dass der Blick einer wiederkäuenden Kuh irgendwie verklärt, nach innen gerichtet ist. Die Kuh macht etwas besonderes mit der aufgenommenen Nahrung, indem sie ihr vier Zutaten gibt, und zwar das Meditative, eigene Lebenskräfte, die Sauerstoff tragend sind, eigene Seelenkräfte, die Stickstoff tragend sind, sowie viertens eine aus dem Pflanzensaft extrahierte Ich-Anlage. Letztere gibt sie dem Dünger mit, weil sie die nicht selber verwerten kann. Alle diese Zutaten haften dem Dünger an. – Auf dem Boden beginnt die Besiedlung vom Mist, womit wiederum etwas Parasitäres gegeben ist. Wenn das stattfindet, so Rudolf Steiner, ist der Dünger am besten und es kommt das Hornmistpräparat ins Spiel. Wir wissen also ganz genau, in welcher Konsistenz wir den Dünger sammeln müssen. Es geht um den frisch besiedelten Dunghaufen auf der Weide, nicht um den Mist, der aus dem Stall gesammelt wird.“

Insgesamt gesehen wird ein „Verdauungsmillieu“ geschaffen, indem Pflanzenkompost aufgesetzt wird. Der geht dann als Dünger zu den Pflanzen, die vom Tier gefressen werden. Dessen Dung wird für das Präparat verwendet, das vor dem Ausbringen in Wasser gerührt wird. „Dabei entsteht die gleiche Form wie beim Komposthaufen", erläutert Marcel Waldhausen den Vorgang. „Es ist eine Spirale, eine Form, die sich durch alles hindurchzieht. Komposthaufen, Pflanzenwachstum, Verdauung – überall kann man die Form der Spirale finden, die für das Werden und Vergehen steht. Alles schließt sich gewissermaßen zum Kreis, oder besser gesagt zur Spirale, insofern etwas wird, vergeht und von neuem wird. Dabei kommt der Verlauf ja nicht am selben Punkt wieder heraus. Das Leben ist weitergegangen, es schreitet im Zeitlichen voran. So wird aus dem Kreis eine in die Zukunft weisende Spiralbewegung."

Die Form des Komposthaufens, wie sie im *Landwirtschaftlichen Kurs* angegeben wird, ist charakteristisch und ohne historisches Vorbild. Man kann davon ausgehen, dass Rudolf Steiner sie aus gutem Grund so empfohlen hat. Waldhausen trifft, wenn er bei seinen Hofbesuchen darüber spricht, auf interessiertes Verständnis: „Ich merke, dass Leute mit wirklich landwirtschaftlicher Expertise darauf einsteigen, aber es wird dauern, bis es sich verbreitet und etabliert hat. In der Landwirtschaft haben die Dinge ja immer weitreichende Auswirkungen." Vor allem meint er, dass große Betriebe eigentlich jemanden bräuchten, der sich ausschließlich um den Kompost, die Präparate und die Düngung kümmert. Denn dieses Betätigungsfeld ist für sein Verständnis ein ganz eigener Bereich, der besondere Kompetenzen erfordert. Andererseits begegnet ihm auf manchen kleinen Betrieben eine Offenheit ganz eigener Art: „Einmal zeigte mir jemand auf einem relativ kleinen Betrieb den Komposthaufen, der einfach nur hingeworfen war. Da sagte ich ihm, dass das ja eigentlich sein nächstes Jahr ist, denn all das bringt in Zukunft die Früchte. Das hat er sich angehört und direkt umgesetzt. Er hat es verstanden. Also, ich kann den Menschen ja immer nur Anregungen geben, die im einen Fall aufgegriffen und umgesetzt werden, im anderen Fall nicht. Aber es ist ein Grundnerv der biologisch-dynamischen Landwirtschaft, dass man den Wert von

Kompost und Dünger erkennt, und es sollte eigentlich der Grundnerv einer jeden Landwirtschaft sein."

Die Düngemittel der konventionellen Landwirtschaft sind derzeit von massiven Preissteigerungen betroffen. Bei Stickstoffdünger hat sich der Preis aktuell nahezu vervierfacht. Auch das könnte zu einem Umdenken veranlassen, denn in der biologisch-dynamischen Landwirtschaft werden die Düngemittel aus dem eigenen Betrieb gewonnen. Neben der ökologischen Bedeutung bringt das also auch finanzielle Vorteile, die gegenwärtig immer deutlicher zu tage treten. Aber funktioniert die Kreislaufwirtschaft wirklich im beabsichtigten Umfang? Marcel Waldhausen beantwortet die Frage aus seiner Übersicht: „Es gibt Betriebe, bei denen das funktioniert, aber eben auch viele, bei denen das nicht der Fall ist. Das beruht beispielsweise darauf, dass die Tierhaltung nicht groß genug oder sogar ganz abgeschafft ist. Manche verstehen nicht, was es bedeutet, am eigenen Standort Rinder zu halten. Im *Landwirtschaftlichen Kurs* ist ja von einer jeweils angepassten Anzahl verschiedener Tiere die Rede. Es geht ja nicht nur um Rinder. Andererseits kann auch beachtet werden, dass man beim Kompost aus Grünschnitt zum Teil einen höheren Stickstoffgehalt als im Mist hat. Insofern ist auch der Kompost ein hervorragender Dünger."

Tatsächlich ist auf den Höfen der Pflanzenkompost im Mengenverhältnis zum Mist verschwindend gering. „Man hat damit nicht diese große Düngewirkung. Es ist eher ein Präparat. Wenn man einen Betrieb mit z. B. 60 Hektar hat, kann man mit dem Kompost trotzdem jedes Jahr einen Teil der Fläche versorgen. Nach und nach käme man dabei über den ganzen Betrieb, bevor es wieder von neuem beginnt. Rudolf Steiner sagte ja auch, dass man möglicherweise nur alle drei bis sechs Jahre düngen muss. Vielleicht ist es so, dass man bei einem 60 Hektar Betrieb in sechs Jahren einmal herumgekommen ist. Wichtig ist aber, dass der Kompost der Ausgangspunkt für alles ist. Mit ihm beginnt es. Das darf man nicht unterschätzen."

3.4 Das Ganze und die Quellgründe

Die landwirtschaftliche Tochterbewegung entstand innerhalb der anthroposophischen Bewegung nicht spontan, sondern ist das Ergebnis einer verhältnismäßig langwierigen Entwicklung. Wie wir gesehen haben waren es sehr verschiedene Menschen mit unterschiedlichen Interessen, die sich mit ihren Fragen und Überlegungen an Rudolf Steiner gewendet hatten, bevor es zum Kurs in Koberwitz kam.

Das Werden der biologisch-dynamischen Bewegung

Das Werden der biologisch-dynamischen Bewegung vollzog sich in den Jahren ab 1920 – von da an lässt sich ein Austausch durch verschiedene Menschen mit Rudolf Steiner zu landwirtschaftlichen Fragen sicher belegen –, in denen die ersten Ratschläge und Hinweise im Sinne einer anthroposophisch erneuerten Landwirtschaft gegeben wurden. Ab 1922 wurden Angaben zu den speziellen Präparaten gemacht, die ab 1923 praktisch hergestellt und seit dem Frühjahr 1924 angewendet wurden. Diese ersten vier Jahre umfassen die erste Etappe im Werden der biologisch-dynamischen Bewegung.

Eine zweite Etappe ist der *Landwirtschaftliche Kurs* selbst, der im Juni 1924 in Koberwitz durchgeführt wurde. Dass nach einer solchen Veranstaltung gefragt wurde, ist Ausdruck von Entwicklungen, die sich in den vorangegangenen Jahren für Einzelne und für die ersten informellen Gruppen ergeben hatten. Der entscheidende Schritt wurde vollzogen, als Carl Graf von Keyserlingk seinen Neffen Alexander damit beauftragte, bei Gelegenheit einer Reise nach

Dornach eine (weitere) entsprechende Anfrage an Rudolf Steiner zu richten:

„Mit Onkel Carl war ich einige Male bei Stegemann, und dort wurde besprochen, dass Rudolf Steiner gebeten werden sollte, für die Landwirte eine Tagung abzuhalten. [...] Wir wussten nicht, dass es ein ganzer Kurs werden würde, geschweige denn, welche weiten Perspektiven Rudolf Steiner damit verband. Wir dachten, er würde einige Richtlinien geben gegen die Zerstörung der Bodengare und die Qualitätsminderung gewisser Früchte. Onkel Carl und Tante Johanna müssen jedoch schon früher darüber mit ihm gesprochen haben, ehe ich nach Koberwitz kam. – Anlässlich einer Reise nach Dornach hat mir dann Onkel Carl den Auftrag gegeben, den Doktor [Anm.: gemeint ist Rudolf Steiner] um einen Termin für die Durchführung der neuen Richtlinien in der Landwirtschaft zu bitten. In Dornach angekommen, ging ich gleich in die Schreinerei [Anm.: dort befanden sich in auf dem Gelände des Goetheanum die Arbeitsräume von Rudolf Steiner] und sagte Frau Dr. Steiner, ich würde gern mit Herrn Doktor sprechen. Ich wartete nur kurz, da kam er schon heraus, und ich richtete meinen Auftrag aus. Er sagte sogleich: ‚Ja, ich komme nach Breslau und werde dort Vorträge über Landwirtschaft halten.' Ich sagte aber: ‚Herr Doktor, das genügt mir nicht – ich soll nicht fragen, ob Sie kommen, sondern wann Sie kommen.' Da lächelte er, nahm sein Notizbuch heraus, blätterte darin herum und sagte dann: ‚Richten Sie Ihrem Onkel aus, dass ich zu Pfingsten zu Ihnen kommen werde.'"[56]

Die drei Quellgründe und der Landwirtschaftliche Kurs

Aus heutiger Sicht kann vermutet werden, dass Rudolf Steiner die Entwicklungen in den Jahren seit 1920 und die darin vollzogene Willensbildung abgewartet hatte, bevor ein „Kurs" abgehalten werden konnte. War es bisher so gewesen, dass einzelne Anthroposoph:innen mit landwirtschaftlichen Interessen sehr spezielle Fragestellungen bearbeiteten – wir haben diese Fragestellungen „Quellgründe" genannt –, kam es schließlich darauf an, die zunächst partikularen Ambitionen in einem größeren Ganzen zu erfassen und zu konzertieren. Dazu galt es einerseits den Ausgangspunkt der beabsichtigten Erneuerung der Landwirtschaft zu bestimmen und andererseits Motive zu entwickeln, die neben allen praktischen Maßnahmen der „Unternehmensgründung" einen tragenden Grund für alle Beteiligten bieten. Der landwirtschaftliche Betrieb, die Lebenskräfte in der Natur und letztlich auch der darin handelnde, erkennende Mensch bilden zusammengenommen den Rahmen für das Beabsichtigte.

Bereits im Eröffnungsvortrag am 7. Juni 1924 kam Rudolf Steiner auf die zerstörerischen Wirkungen des sachfremden „neuzeitlichen Geisteslebens [...] in Bezug auf den wirtschaftlichen Charakter" (1,7) zu sprechen. Es käme demgegenüber darauf an, immer aus konkreten Sachverhalten zu sprechen, und nicht „über den Dingen schwebend". (1,8) Schließlich sei es immer auch ein ganz konkreter, landwirtschaftlicher Betrieb, der in seinen Eigenarten erfasst und verstanden sein will, was einem Kernmotiv der biologisch-dynamischen Landwirtschaft entspricht: „Nun, eine Landwirtschaft erfüllt eigentlich ihr Wesen im besten Sinne des Wortes, wenn sie aufgefasst werden kann als eine Art Individualität für sich, eine wirklich in sich geschlossene Individualität." (2,2) Diese „Auffassung" ergibt sich aus dem ganzheitlichen anthroposophischen Menschenbild, das ausdrücklich auf die Methoden der biologisch-dynamischen Landwirtschaft angewendet wird. (4,37)

Bezüglich der abnehmenden Qualität von Saatgut und Nahrungsmitteln wies Rudolf Steiner darauf hin, dass neue Erkenntnisfähigkeiten zu entwickeln seien, die in die Lage versetzen, die „Lebendigkeit der Kräfte" in den Blick zu nehmen: „Es war ganz außerordentlich treffend, was unser Freund Stegemann gesagt hat, dass zu konstatieren ist ein Minderwertigwerden der Produkte. [...] Das, was aus alten Zeiten zu uns herübergekommen ist, was wir auch immer fortgepflanzt haben, sowohl an Naturanlagen, an naturvererbten Kenntnissen und dergleichen, wie auch dasjenige, was wir von Heilmitteln herüberbekommen haben, verliert seine Bedeutung. Wir müssen wiederum neue Kenntnisse erwerben, um in den ganzen Naturzusammenhang solcher Dinge hineinzukommen. [...] Wie in alten Zeiten es notwendig war, dass man Kenntnisse hatte, die wirklich hineingingen in das Gefüge der Natur, so brauchen auch wir heute wieder Kenntnisse, die wirklich hineingehen in das Gefüge der Natur." (2,33) So kann beispielsweise gewusst werden, dass es nicht (nur) die aufgenommenen Stoffe sind, die den Menschen nähren, denn „der meiste Teil desjenigen, was man auf diese Weise in sich aufnimmt, wird eigentlich wieder ausgeschieden, so dass man sagen muss, nicht um eine gewichtsmäßige Anordnung im Stoffwechsel handelt es sich hauptsächlich, sondern darum handelt es sich, ob wir mit den Nahrungsmitteln die Lebendigkeit der Kräfte in der richtigen Weise in uns aufnehmen können." (4,5)

Der forschende Blick wird über die Außenseite der Dinge und Stoffe hinausgelenkt, indem an ein „empfindendes Erkennen" (3,45) appelliert wird. Ein „persönliches Verhältnis zu all dem was in der Landwirtschaft in Betracht kommt" (4,14 und 4,16) ist gemeint, und gerade dadurch wird es möglich, sich den Bereich der wirkenden Lebenskräfte für ein ganzheitliches Erkennen zu erschließen: „Sehen Sie, man muss schon Einsichten haben auf den verschiedensten Gebieten des landwirtschaftlichen Lebens über die Wirkungsweise des Stofflichen, der Kräfte und auch über die Wirkungsweise des Geistigen, wenn man die Dinge in der richtigen Weise behandeln will." (4,8)

Die Entwicklungen nach den Tagen in Koberwitz

Schon während des *Landwirtschaftlichen Kurses* wurden Entwicklungen eingeleitet, die zur dritten Etappe im Werden der biologisch-dynamischen Bewegung überleiteten: „Am 11. Juni 1924 wurde der sogenannte ‚Landwirtschaftliche Versuchsring der Anthroposophischen

Gesellschaft' (auch ,Versuchsring anthroposophischer Landwirte'; später auch: ,Allgemeiner Versuchsring anthroposophischer Landwirte und Gärtner') gegründet. Der Versuchsring koordinierte die Versuche auf den angeschlossenen Betrieben und beteiligte sich auch an der Auswertung der Ergebnisse. Seine Arbeit begann gleich nach dem Koberwitzer Kurs."[57] Man hatte sich nun also der Aufgabe angenommen, die Anregungen des Kurses praktisch umzusetzen, wozu auch und vor allem gehörte, dass im Jahr 1927 ein eigener Handelsverbund, die „Verwertungsgenossenschaft für Produkte der Biologisch-Dynamischen Wirtschaftsmethoden, Demeter" geschaffen wurde. Im gleichen Jahr war durch Ernst Stegemann und Erhard Bartsch die Bezeichnung „biologisch-dynamisch" für die neuen Methoden der Landwirtschaft geprägt worden. Was mit dieser Wortschöpfung seither bezeichnet wird, beschreibt Almar von Wistinghausen (1904–1989), ebenfalls ein Pionier der biologisch-dynamischen Landwirtschaft, wie folgt: „Die Maßnahmen, die dabei ergriffen werden, haben eine biologische und eine dynamische Seite. [...] Es gibt natürlich Menschen, die mit der Bezeichnung ,Dynamik' nichts anfangen können, vielleicht aber auch nichts anfangen wollen. Dabei gibt es kein Leben, also Bios, ohne die Kraft der Dynamik. Ist das Wachstum nicht eine Auswirkung dieser Kraft? Ist der Lebenswille oder das Durchsetzungsvermögen bei Tier und Pflanze nicht eine Auswirkung dieses Kräftewirkens?"[58] Für die praktische Arbeit ergibt sich im Blick darauf ein eigener, charakteristischer Ansatz. Dazu Wistinghausen an anderer Stelle: „Das Weltbild erweitert sich, und Lebenszusammenhänge und -vorgänge werden offenbar. Für die landwirtschaftliche Betriebslehre entstehen neue Begriffe, wie zum Beispiel der eines ,landwirtschaftlichen Organismus', also einer in sich möglichst geschlossenen Individualität – ,Ideen', die eine vollkommen andere Einstellung zur Landwirtschaft zeigen, als sie heute üblich geworden ist."[59]

Wistinghausen, der zu den Teilnehmern am Landwirtschaftlichen Kurs gehörte, kümmerte sich nach den Tagen in Koberwitz neben seiner praktisch-landwirtschaftlichen Tätigkeit zusätzlich um den Aufbau von Auskunftsstellen[60], die mit Mitgliedern des „Versuchsrings“ besetzt wurden.

Parallel zu den Arbeiten an der Unternehmensgründung, mit denen man in diesen Jahren beschäftigt war, kümmerte man sich ausgehend vom *Landwirtschaftlichen Kurs* um die Forschung und um daraus abgeleitete, praktische Versuche. Immer wieder wurden der Geschäftsstelle des Versuchsrings diesbezügliche Berichte und Fragen übermittelt[61], die zu einem regen Austausch unter den Landwirten führten.

Zusammengefasst ergibt sich das Bild, dass die biologisch-dynamische Bewegung, wie wir gesehen haben, im Laufe von sieben Jahren (zwischen 1920 und 1927) in drei Etappen entstand und etabliert wurde. Das ist im Vergleich mit anderen anthroposophischen Tochterbewegungen ein relativ langer Zeitraum und zeugt von der Sorgfalt, die man dem Entstehen der anthroposophisch erneuerten Landwirtschaft seit ihrem Beginn angedeihen ließ.

Die drei Quellgründe sind in all den Jahren und Jahrzehnten unterschiedliche Facetten der biologisch-dynamischen Bewegung geblieben. Bezogen auf den landwirtschaftlichen Betrieb werden soziale und ökonomische Aspekte (Betriebsgemeinschaft, SoLaWi, Grund- und Bodenfrage usw.) bedacht und zur Grundlage von weiteren, zeitgemäßen Entwicklungen sinnvoller Rahmenbedingungen gemacht. Ebenso ist die Aufmerksamkeit für die Saatgut- und Ernährungsqualität heutzutage noch mehr gefordert als noch vor einhundert Jahren, wobei ökologische Aspekte eine tragende Rolle spielen (Saatgutzüchtung, Biolandwirtschaft, Resilienz, gesunde Lebensmittel usw.). Bemühungen um die Gesundheit und Krankheit der Pflanzen und Tiere, sowie die Herstellung und Verwendung der biologisch-dynamischen Präparate ermöglichen den Zugang zu spirituellen Aspekten (Präparate, Meditation, Jahresfeste, Hof als kulturelles Zentrum usw.).

Bei allem kann es aber nie nur darum gehen, einen der Quellgründe für sich genommen zu beachten. Vielmehr sind alle drei zusammengenommen für die erneuerte Landwirtschaft von Bedeutung. Sie wirken bestenfalls zusammen. Carl Graf von Keyserlingk selbst hatte das schon damals erkannt. Er vermochte seine persönlichen Präferenzen, die sich vor allem auf die ökonomisch-organisatorischen Zusammenhänge bezogen, zurückzunehmen, um das Ganze, das Zusammenwirken aller drei Quellgründe zu ermöglichen. Darin sah er innerhalb der biologisch-dynamischen Bewegung eine der wesentlichen Anforderungen. Sein Neffe Alexander erinnert sich:

„Von Anfang an jedoch wollte er die sozialen Ideen, die ihm sehr am Herzen lagen, in diese Arbeit hineinnehmen: Rudolf Steiner hatte sie im Hinblick auf die Zukunft zusammen mit den landwirtschaftlichen Maßnahmen gegeben. Das war jedoch nur dann möglich, wenn diejenigen, die den Kurs entgegengenommen hatten, zusammenarbeiteten – nicht, wenn einige sich sofort und auf ihre stürmische Art selbstständig machen wollten. Sie waren Enthusiasten. Die Düngung haben sie genommen, das Esoterische und das Soziale aber vernachlässigt, das nur in Gemeinschaft verwirklicht werden kann. – Onkel Carl erkannte dies klar. Er sagte mir: ‚Es hat für die Zukunft Deutschlands überhaupt keinen Sinn, auch wenn die Sache wirtschaftlich noch so gut wird, wenn wir fallen lassen, was uns der Doktor so sehr ans Herz gelegt hat: das Esoterische und das Soziale innerhalb der biologisch-dynamischen Wirtschaftsweise.‘“[62]

Das Kapitel kurz und knapp:

- Das Werden der biologisch-dynamischen Bewegung vollzog sich in drei Etappen: 1920 bis 1924 wurden die ersten Fragen behandelt. 1924 fand der Landwirtschaftliche Kurs statt. 1924 bis 1927 wurden die Angaben des Kurses ins Praktische übertragen und ein Verbund für die verschiedenen Aktivitäten geschaffen.
- Es ist immer ein ganz konkreter, landwirtschaftlicher Betrieb, der in seinen Eigenarten erfasst und verstanden sein will, was einem Kernmotiv der biologisch-dynamischen Landwirtschaft entspricht.
- Bezüglich der abnehmenden Qualität von Saatgut und Nahrungsmitteln kommt es darauf an, neue Erkenntnisfähigkeiten zu entwickeln, die in die Lage versetzen, die „Lebendigkeit der Kräfte" in den Blick zu nehmen.
- Der forschende Blick wird über die Außenseite der Dinge und Stoffe hinausgelenkt, indem an ein „empfindendes Erkennen" appelliert wird, was auf einem „persönlichen Verhältnis zu all dem was in der Landwirtschaft in Betracht kommt" beruht. Dadurch wird es möglich, sich den Bereich der wirkenden Lebenskräfte für ein ganzheitliches Erkennen zu erschließen.

3.5 Übungsaufgaben zum Teil 3

Übungsaufgaben zu den Kapiteln 3.1, 3.2, 3.3 und 3.4:

Bitte beantworten Sie die folgenden fünf Fragen zu den Inhalten der vorangegangenen Kapitel (die Lösungen finden Sie im Anhang dieses Buches):

1. Wie kann ein landwirtschaftlicher Betrieb zur Individualität werden?
2. Warum sind die Tiere in der biologisch-dynamischen Landwirtschaft so wichtig?
3. Wie beschreibt Rudolf Steiner das Verhältnis von Pflanze und Pflanzenwelt analog zum menschlichen Organismus?
4. Wie wird Düngung im biologisch-dynamischen Sinne verstanden?
5. Welches waren die drei Etappen im Werden der biologisch-dynamischen Bewegung?

Übungsaufgabe zu den Kapiteln 3.1 bis 3.3:

In den Kapiteln im dritten Buchteil finden sich einige Zitate aus dem Landwirtschaftlichen Kurs, *in denen die Natur und der landwirtschaftliche Betrieb analog zum Menschen beschrieben werden. Schauen Sie sich das bitte jetzt noch mal an und notieren Sie der Reihe nach, welche Analogien von Rudolf Steiner verwendet werden.*

ANHANG

Lösungen zu den Übungsaufgaben

Übungsaufgaben zu den Kapiteln 1.1 bis 1.4:

1. Wie wird in der biologisch-dynamischen Landwirtschaft die Rolle des Menschen im Naturzusammenhang verstanden?
> *In der biologisch-dynamischen Landwirtschaft wird die Rolle des Menschen im Naturzusammenhang tiefenökologisch verstanden. Ohne den Menschen und sein in allem präsentes Bewusstsein ist diese Form der Landwirtschaft nicht denkbar. Der Mensch ist in der Natur ebenso unverzichtbar wie alle anderen Lebewesen auch.*

2. Inwiefern lassen sich der menschliche Ernährungsprozess und die landwirtschaftliche Pflege des Bodens miteinander vergleichen?
> *Beide Prozess beruhen darauf, dass es dabei nicht nur um Stoffe, sondern zugleich um lebendige (ätherische und astralische) Kräfte geht.*

3. Wie erklärt Rudolf Steiner in seiner Sinneslehre, was ein Sinn ist?
> *Sinn ist das, wodurch wir uns eine Erkenntnis verschaffen ohne Mitwirken des Verstandes. Das Urteilen wird beim unmittelbaren Sinneserlebnis ausgeschaltet.*

4. Welches sind die drei Etappen im mehrstufigen Erkenntnisprozess?
> *Die reine Erfahrung bei vollständiger Entäußerung des eigenen Selbst. Das Denken, mit dem die Sinneseindrücke geordnet werden. Der Begriff, mit dem sinnliche Wahrnehmungen und darauf bezogene Gedanken verbunden werden.*

5. Worauf beruht die konstitutionelle Sonderstellung des Menschen in der Natur?

> *Dem Menschen ist nicht nur das Leben gegeben, er ist auch mit einem Bewusstsein begabt, das in seinem Fall so beschaffen ist, dass es mit seinen besonderen Möglichkeiten über das der Tiere hinausreicht. Damit nimmt er innerhalb der Naturreiche schon konstitutionell eine Sonderstellung ein.*

Übungsaufgaben zu Kapitel 1.3:

Erkenntnis ereignet sich spontan in einem Moment. Das beruht darauf, dass uns die Mitwelt vertraut ist.

> *FALSCH: mehrstufiger Prozess, der mit der Erfahrung beginnt | Begegnung mit der Mitwelt ist eigentlich immer eigentümlich und überraschend*

Das Denken selbst kann zur Erfahrungstatsache werden. Dadurch ergibt sich eine neue Art des Naturerlebens.

> *WAHR: Dinge und Wesen der Mitwelt können aus sich selbst heraus verstanden werden | empfindendes Erkennen*

Übungsaufgabe zum Kapitel 1.4:

> *Dem Menschen ist nicht nur das Leben gegeben, er ist auch mit einem Bewusstsein begabt, das in seinem Fall so beschaffen ist, dass es mit seinen besonderen Möglichkeiten über das der Tiere hinausreicht. Damit nimmt er innerhalb der Naturreiche schon konstitutionell eine Sonderstellung ein.*

> *Dieses Bewusstsein ermöglicht es dem Menschen aber auch, dass er sich darüber klar wird, dass er das Leben selbst mit allen Wesen dieser Welt teilt. Nicht nur die Fähigkeiten zum willkürlichen Verändern der*

Welt, sondern auch der potenziell hohe Grad des Verantwortungsgefühls ist so gesehen typisch menschlich. Kein anderes Wesen der Erde verfügt über die Möglichkeit zu einer so weitreichenden Überschau wie der Mensch.

> *Wenn in der Anthroposophie von Spiritualität die Rede ist, geht es im Ergebnis um ein anderes, innigeres Verhältnis zur Welt. Mit der Schulung von Wahrnehmung und Denken verfeinert sich das leibliche und ebenso das seelisch-geistige Sensorium.*

> *Aus einem solchen spiritualisierten Welterleben wird die biologisch-dynamische Landwirtschaft betrieben, in der es darum geht, dass der Mensch seine Fähigkeiten dafür einsetzt, der Erde Lebenskräfte zukommen zu lassen, bzw. diese in den natürlichen Zusammenhängen zu bewahren und zu pflegen.*

Übungsaufgaben zu den Kapiteln 2.1 bis 2.5:

1. Welche Themen entsprechen den drei Quellgründen der biologisch-dynamischen Landwirtschaft?

> *(a) Den landwirtschaftliche Betrieb, (b) die Saatgut- und Ernährungsqualität und (c) die Gesundheit und Krankheit der Pflanzen und Tiere.*

2. Wie beantwortete Rudolf Steiner die von Ernst Stegemann an ihn gerichtete Frage danach, was zu tun sei, um den Zerfall der Saatgut- und Ernährungsqualität aufzuhalten?

> *Man müsse aus Gräsern neue Getreidearten züchten. Dazu gab Rudolf Steiner praktische Anweisungen, wie z.B. aus einer bestimmten Grasart ein kräftiger Hafer gezogen werden könne, aus dem später ein gesundes Brot zu backen sei.*

3. Welches waren die fünf Kernthemen im Landwirtschaftlichen Kurs?

> *(a) Die Düngung, (b) die abnehmende Qualität der Lebensmittel, (c) Kräfte müssen aus dem Geist geholt werden, (d) das höchst Spirituelle*

soll mit dem ganz Praktischen verbunden werden, (e) am Pflanzenwachstum ist der ganze Himmel mit seinen Sternen beteiligt und (f) wie Ernährung geschieht.

4. Wie kann man den von Rudolf Steiner mehrfach verwendeten Begriff „Weltenraum" verstehen?

> *Wenn von Planeten die Rede ist, geht es nicht etwa nur um den jeweiligen begrenzten Himmelskörper, sondern um eine Hülle, die so groß ist wie seine Umlaufbahn. In diesem Bild befindet sich die Erde im Zentrum eines Gebildes aus verschiedenen, einander durchdringenden planetarischen Hüllen.*

5. Wie kann Spiritualität das Wahrnehmen der Welt im Sinne des Landwirtschaftlichen Kurses verändern?

> *Ein nur gedachter Geist bliebe der Natur fremd. Der erarbeitete Geist verbindet sich mit der natürlichen Tatsachenwelt und erschließt Zusammenhänge, die sonst verborgen geblieben wären.*

Übungsaufgabe zum Kapitel 2.2:

> *Es gilt, dass beide Seiten etwas ineinander verwoben und harmonisiert werden.*

> *Das Spirituelle geht oft nicht ins wirkliche Leben über, bleibt eine Art Theorie, oder eine Art Glaube an Worte. Es soll aber das Spirituelle in das unmittelbar praktische Handhaben wirklich eingreifen.*

> *Die neue Methode ist nicht gegen die Natur gerichtet, sondern begegnet dem Leben der Biosphäre mit dem größten partnerschaftlichen Respekt.*

> *Ohne dass man die feineren ätherischen, „naturintimeren" Wechselwirkungen in der Atmosphäre berücksichtigt, kommt man für gewisse Teile des landwirtschaftlichen Betriebes mit dem Zusammenleben von Tier und Pflanze nicht vorwärts.*

> *Alle Richtlinien sind nicht bis in letzte Konsequenz zu verallgemeinern, sondern werden für die unterschiedlichen Betriebe den verschiedenen Gegebenheiten gemäß angepasst.*

Übungsaufgaben zu den Kapiteln 3.1, 3.2, 3.3 und 3.4:

1. Wie kann ein landwirtschaftlicher Betrieb zur Individualität werden?

> *Indem die Möglichkeit herbeigeführt wird, alles dasjenige, was man braucht zur Hervorbringung, innerhalb der Landwirtschaft selbst zu haben, wobei zur Landwirtschaft der entsprechende Viehstand hinzugerechnet werden muss.*

2. Warum sind die Tiere in der biologisch-dynamischen Landwirtschaft so wichtig?

> *Das richtige Maß von Kühen, Pferden und anderen Tieren auf irgendeiner Landwirtschaft ergibt stets die an einem bestimmten Ort zur Düngung benötigte Menge an Mist. Dabei geht es nicht nur um die Menge, sondern vor allem um die besondere Qualität, die dem Lebensort der Tiere genau angepasst ist. Es sind bestimmte Pflanzen in einer bestimmten Menge, die sie verzehren und in zur Düngung geeigneten Mist verwandeln.*

3. Wie beschreibt Rudolf Steiner das Verhältnis von Pflanze und Pflanzenwelt analog zum menschlichen Organismus?

> *Jede Pflanzenart erscheint in einen Gesamtorganismus der Pflanzenwelt hineingestellt, wie das einzelne menschliche Organ in den gesamten Organismus des Menschen. Die einzelnen Pflanzen werden als Teile eines Ganzen angesehen.*

4. Wie wird Düngung im biologisch-dynamischen Sinne verstanden?

> *Als Verlebendigung der Erde. In eine solche Erde werden die Pflanzen*

gebracht, die es darum leichter haben, aus ihrer Lebendigkeit heraus das zu vollbringen, was bis zur Fruchtbildung notwendig ist.

5. Welches waren die drei Etappen im Werden der biologisch-dynamischen Bewegung?

> *(a) Zwischen 1920 und 1924 wurden bezüglich der Landwirtschaft die ersten Fragen an Rudolf Steiner gerichtet. (b) 1924 fand der Landwirtschaftliche Kurs statt, (c) Zwischen 1924 und 1927 wurden die Arbeits- und Forschungsfelder der biologisch-dynamischen Bewegung im Sinne einer Unternehmensgründung etabliert.*

Übungsaufgabe zu den Kapiteln 3.1 bis 3.3:

3.1

> *Der Erdboden ist ein wirkliches Organ, das wir etwa vergleichen können, wenn wir wollen, mit dem menschlichen Zwerchfell.*

> *Der landwirtschaftliche Betrieb ist wie ein auf dem Kopf stehender Mensch.*

3.2

> *So wie das menschliche Ich als der eigentliche Geist des Menschen im Kohlenstoff lebt, so lebt wiederum gewissermaßen das Welten-Ich im Weltengeist auf dem Umwege durch den Schwefel in dem sich gestaltenden und immer wieder auflösenden Kohlenstoff.*

> *Der Mensch hebt sich heraus in seiner beweglichen Kohlenstoffbildung aus der bloß mineralischen festen Kalkbildung, die die Erde hat, und die er auch sich eingliedert, um feste Erde in sich zu haben. Im Kalk, in der Knochenbildung hat er die feste Erde in sich.*

> *Es darf natürlich nicht so sein für unser Irdisches, dass die Erde da so als Festes hinwandert im Weltenall und sich absondert von der übrigen*

Welt. Wenn das die Erde täte, dann wäre sie in der Lage, in der ein Mensch wäre, der innerhalb einer Landwirtschaft lebte, aber selbständig bleiben will, das, was da draußen auf dem Acker wächst, außer sich lassen will. Das tut er vernünftigerweise nicht.

> *Das ist die Aufgabe, dass man das Pflanzenwesen so ansehen lernt, dass jede Pflanzenart hineingestellt erscheint in einen Gesamtorganismus der Pflanzenwelt, wie das einzelne menschliche Organ in den gesamten Organismus des Menschen hereingestellt erscheint.*

> *Der Kalk beansprucht alles, das Kieselige beansprucht eigentlich gar nichts mehr. Das ist, wie unsere Sinnesorgane, die auch von sich selbst nicht wahrgenommen werden, sondern die das Äußere wahrnehmen. Das Kieselige ist der allgemeine äußere Sinn im Irdischen, das Kalkige ist die allgemeine äußere Begierde im Irdischen,*

3.3

> *So zu verfahren gegenüber dem, was eigentlich in Betracht kommt gerade zum Beispiel bei der Landwirtschaft, wie heute die landläufige Wissenschaft verfährt, würde ebenso sein, wie wenn man die ganze Wesenheit des Menschen erkennen wollte, sagen wir, aus seinem kleinen Finger und aus dem Ohrzipfel, und von da aus sich aufbauen wollte dasjenige, was im großen und ganzen in Betracht kommt.*

> *Der Prozess der Düngung wird als Lebensprozess verstanden, der einem gewissen Prozess im menschlichen Organismus sehr ähnlich ist.*

> *Es wird überall bei der Betrachtung von dem Menschen ausgegangen, der Mensch wird zur Grundlage gemacht.*

Anmerkungen, Nachweis der Zitate

1. Der Begriff „Tiefenökologie" (deep ecology) wurde Anfang der 1970er Jahre durch den norwegischen Philosophen Arne Næss (1912–2009) geprägt. Im Kern geht es um eine ganzheitliche Sichtweise, die auch spirituelle Aspekte berücksichtigt und den Menschen nicht als ein den anderen Naturreichen übergeordnetes Wesen versteht. Vielmehr soll sich der Mensch seiner charakteristischen Fähigkeiten bewusst werden und verstehen, dass ihm eine besondere Verantwortung für seine Mitwelt zu eigen ist.
2. „Es mutet unwirklich an, wenn wir uns heute, im einundzwanzigsten Jahrhundert, vorstellen, dass der Pathologe und Serologe Karl Landsteiner erst 1901 die AB0-Blutgruppen als solche benannte, wofür er 1930 den Nobelpreis erhielt. Landsteiner hatte mit menschlichem Blut und Blutseren solange experimentiert, bis ihm eine entsprechende, medizinisch anwendbare Systematik klar geworden war. 1907 konnte ausgehend von Landsteiners Erkenntnissen in den Vereinigten Staaten die erste erfolgreiche Bluttransfusion durchgeführt werden. Man wusste mittlerweile, was sich prinzipiell vertrug und was nicht. Trotzdem vergingen noch viele Jahre, bis der Mechanismus des Immunsystems hinreichend erklärt werden konnte. [...] Der entscheidende Durchbruch wurde 1960 mit der Verleihung des Nobelpreises dem australischen Virologen und Immunologen Frank MacFarlane Burnet und dem brasilianischen Zoologen und Anatomen Peter B. Medawar zugeschrieben, die in den 1940er-Jahren endgültig die Mechanismen des Immunsystems entdeckt, erforscht und beschrieben hatten." (Krause, Peter: *Organspende*, Flensburg 2012, S. 24 f.)
3. „Am Ende des 18. Jahrhunderts hatte der französische Anatom, Physiologe und Chirurg Xavier Bichat (1771–1802) sterbende Menschen begleitet, dabei den Ausfall der verschiedenen Organe mit ihren Folgen für den Organismus beobachtet und schließlich vom „mort du cerveau" (Tod des Gehirns) gesprochen. Damit war er der erste Mediziner, der den Hirntod als „den Gesamttod, der im Hirn beginnt" („La mort général qui commence au cerveau") bezeichnete. Bichat vertrat aufgrund seiner Beobachtungen die Meinung, [...] dass ein lebender Organismus sich aus Lebensfunktionen auf unterschiedlichen zellulären Ebenen zusammensetzt, welche nicht zwangsläufig zur gleichen Zeit enden müssen. So unterschied Bichat eine als ‚organisches Leben' bezeichnete Aufrechterhaltung vegetativer

Grundfunktionen (Atmung, Kreislauf, Stoffwechsel), welche er von einem ‚animalischen Leben' als Summation höherer zerebraler Leistungen (Bewusstsein, Sinneswahrnehmungen) abgrenzte. Mit diesem dezentralisierten Konzept von Leben und Sterben hat Bichat in bemerkenswerter Weise heutigen Vorstellungen vorgegriffen."' (Krause, Peter: *Leben in der Todesnähe*, Frankfurt 2019, S. 92)

4. Steiner, Rudolf: *Menschengeschichte im Lichte der Geistesforschung*, Dornach 1983, S. 386 f.
5. Steiner, Rudolf: *Christus und die menschliche Seele*, Dornach 1994, S. 154
6. Steiner, Rudolf: *Wie erlangt man Erkenntnisse der höheren Welten?*, Dornach 1992, S. 22
7. Steiner, Rudolf: *Anthroposophie, Psychosophie und Pneumatosophie*, Dornach 2001
8. ebd., S. 31
9. ebd., S. 160
10. Steiner, Rudolf: *Grundelemente der Esoterik*, Dornach 1987, S. 67
11. Steiner, Rudolf: *Anthroposophie, Psychosophie und Pneumatosophie*, Dornach 2001, S. 28
12. Steiner, Rudolf: *Die Welt der Sinne und die Welt des Geistes*, Dornach 1979, S. 38
13. Steiner, Rudolf: *Grundlinien einer Erkenntnistheorie der goetheschen Weltanschauung*, Dornach 2003
14. ebd., S. 26
15. ebd., S. 27
16. ebd., S. 29
17. ebd., S. 92
18. Steiner, Rudolf: *Menschengeschichte im Lichte der Geistesforschung*, Dornach 1983, S. 386 f.
19. Krause, Peter: *Leben in der Todesnähe*, Frankfurt 2019, S. 54 ff.
20. Steiner, Rudolf: *Menschenwerden, Weltenseele und Weltengeist*, Dornach 1991, S. 57 f.
21. Steiner, Rudolf: *Die Welt der Sinne und die Welt des Geistes*, Dornach 1979, S. 36 ff.
22. Pfeiffer, Ehrenfried E.: *Rudolf Steiners landwirtschaftlicher Impuls*, in: Krück von Poturzyn, Maria Josepha: *Wir erlebten Rudolf Steiner*, Stuttgart 1980, S. 169 f.
23. Selg, Peter: *Koberwitz, Pfingsten 1924*, Dornach 2009, S. 51
24. Steiner, Rudolf: *Soziale Ideen, soziale Wirklichkeit, soziale Praxis*, Dornach 1999, S. 190
25. Keyserlingk, Adalbert Graf von: *Koberwitz 1924*, Stuttgart 1974, S. 47
26. Farkas, Reinhard: *Erhard Bartsch und der Versuchshof Marienhöhe*, in: *Einfach natürlich leben*, Berlin 2015, S. 85 f.
27. Rudolf Steiner Archiv, Dornach. Zit. aus: Selg, Peter: *Koberwitz, Pfingsten 1924*, Dornach 2009, S. 54
28. Pfeiffer, Ehrenfried E.: *Rudolf Steiners landwirtschaftlicher Impuls*, in: Krück von Poturzyn, Maria Josepha: *Wir erlebten Rudolf Steiner*, Stuttgart 1980, S. 169
29. ebd., S. 169

30. Meyer, Rudolf: *Pfingsttagung in Koberwitz 1924*, in: Beltle, Erika; Vierl, Kurt: *Erinnerungen an Rudolf Steiner*, Stuttgart 1974, S. 441
31. Rudolf Steiner Archiv, Dornach. Zit. aus: Selg, Peter: *Koberwitz, Pfingsten 1924*, Dornach 2009, S. 41
32. ebd., S. 43
33. Pfeiffer, Ehrenfried E.: *Rudolf Steiners landwirtschaftlicher Impuls*, in: Krück von Poturzyn, Maria Josepha: *Wir erlebten Rudolf Steiner*, Stuttgart 1980, S. 170
34. Wachsmuth, Guenther: *Die letzten Jahre*, in: Krück von Poturzyn, Maria Josepha: *Wir erlebten Rudolf Steiner*, Stuttgart 1980, S. 231
35. Wachsmuth, Guenther: *Rudolf Steiners Erdenleben und Wirken*, Dornach 1951, S. 505
36. Pfeiffer, Ehrenfried E.: *Rudolf Steiners landwirtschaftlicher Impuls*, in: Krück von Poturzyn, Maria Josepha: *Wir erlebten Rudolf Steiner*, Stuttgart 1980, S. 170 f.
37. Erläuterungen zur Düngung (Auswahl): 4,3; 4,4; 4,13; 4,29; F1,15; F1,29; F1,37; 5,1; 5,14; 5,16; 5,35; 5,42; F4,20
38. Nahrungsmittel, Ernährung (für Mensch und Tier; Auswahl): 1,26; 4,2; 4,4; 4,5; 4,21; 4,28; F2,17: 6,6; 8,3; 8,10; 8,14; 8,21; 8,22; 8,25; 8,29; 8,32; 8,39; F4,11
39. Kräfte aus dem Geistigen (Auswahl): 1,13; 3,14; 3,17 und 18; 3,30; 3,33 und 34; 4,8; F1,2; 5,19; 5,31; 6,1; 6,15; 7,4; 7,18; 8,1
40. Theorie und Praxis (Auswahl): 1,15; 1,33; 6,15; 7,40; F4,8
41. Steiner, Rudolf: *Landwirtschaftlicher Kurs*, Dornach 2022, S. 230 f.
42. Pflanzenwachstum und kosmische Kräfte (Auswahl): 1,27–31; 2,6; 2,15; 2,20–21; 2,24; 2,30; 5,12–14; 5,40; 6,3; 6,6; 6,20
43. Steiner, Rudolf: *Initiationserkenntnis*, Dornach 2010, S. 227
44. Steiner, Rudolf: *Landwirtschaftlicher Kurs*, Basel 2022
45. Keyserlingk, Adalbert Graf von: *Koberwitz 1924*, Stuttgart 1974, S. 62
46. ebd., S. 62
47. Steiner, Rudolf: *Die Erkenntnis-Aufgabe der Jugend*, Dornach 1981, S. 139
48. ebd., S. 146
49. ebd., S. 151 f.
50. ebd., S. 153 ff.
51. ebd., S. 148
52. ebd., S. 159
53. ebd., S. 169 f.
54. Steiner, Rudolf: *Ursprung und Ziel des Menschen*, Dornach 1981, S. 285
55. Steiner, Rudolf: *Wahrspruchworte*, Dornach 2005, S. 136
56. Keyerserlingk, Alexander Graf von: *Erinnerungen*, in: Keyserlingk, Adalbert Graf von: *Koberwitz 1924*, Stuttgart 1974, S. 93 f.
57. Beiträge aus dem Rudolf Steiner Archiv, Ausgabe Nr. 11, Dornach 2021, S. 63
58. Wistinghausen, Almar von: *Ernährung und Landwirtschaft*, Bad Liebenzell 1985, S. 10 f.

59. Wistinghausen, Almar von: *Wir haben es gewagt*, Frankfurt 2018, S. 14
60. ebd., S. 17
61. Beiträge aus dem Rudolf Steiner Archiv, Ausgabe Nr. 11, Dornach 2021, S. 63 ff.
62. Keyerserlingk, Alexander Graf von: *Erinnerungen*, in: Keyserlingk, Adalbert Graf von: *Koberwitz 1924*, Stuttgart 1974, S. 95

Nachweis der Bildquellen

- Cover: Shutterstock
- Abbildung im Kapitel 3.2.1 von Patrick David Schmidt, Weilerswist
- Abbildungen im Kapitel 3.3.1 von Roman Jäkel, Bottrop
- Bildteil „Koberwitz einst und jetzt“: Aktuelle Bilder aus Koberwitz von Jörn Strauss, Steyerberg; Rudolf Steiner, Carl Graf von Keyserlingk und das frühere Koberwitz: https://commons.wikimedia.org

Literaturverzeichnis

Beiträge aus dem Rudolf Steiner Archiv, Ausgabe Nr. 11, Basel 2021

Beltle, Erika; Vierl, Kurt: *Erinnerungen an Rudolf Steiner*, Stuttgart 1974

Farkas, Reinhard: *Erhard Bartsch und der Versuchshof Marienhöhe*, in: *Einfach natürlich leben*, Berlin 2015, S. 85 - 89

Keyserlingk, Adalbert Graf von: *Koberwitz 1924*, Stuttgart 1974

Krause, Peter: *Anthroposophische Grundlagen der biologisch-dynamischen Landwirtschaft, Band 1: Einführung in die Anthroposophie*, Frankfurt 2022

Krause, Peter: *Leben in der Todesnähe*, Frankfurt 2019

Krause, Peter: *Organspende*, Flensburg 2012

Krück von Poturzyn, Maria Josepha.: *Wir erlebten Rudolf Steiner*, Stuttgart 1980

Selg, Peter: *Koberwitz, Pfingsten 1924*, Dornach 2009

Steiner, Rudolf: *Anthroposophie, Psychosophie und Pneumatosophie*, Dornach 2001

Steiner, Rudolf: *Christus und die menschliche Seele*, Dornach 1994

Steiner, Rudolf: *Die Erkenntnis-Aufgabe der Jugend*, Dornach 1981

Steiner, Rudolf: *Die Welt der Sinne und die Welt des Geistes*, Dornach 1979

Steiner, Rudolf: *Grundelemente der Esoterik*, Dornach 1987

Steiner, Rudolf: *Grundlinien einer Erkenntnistheorie der goetheschen Weltanschauung*, Dornach 2003

Steiner, Rudolf: *Initiationserkenntnis*, Dornach 2010

Steiner, Rudolf: *Landwirtschaftlicher Kurs*, Basel 2022

Steiner, Rudolf: *Menschengeschichte im Lichte der Geistesforschung*, Dornach 1983

Steiner, Rudolf: *Menschenwerden, Weltenseele und Weltengeist*, Dornach 1991

Steiner, Rudolf: *Soziale Ideen, soziale Wirklichkeit, soziale Praxis*, Dornach 1999

Steiner, Rudolf: *Ursprung und Ziel des Menschen*, Dornach 1981

Steiner, Rudolf: *Wahrspruchworte*, Dornach 2005

Steiner, Rudolf: *Wie erlangt man Erkenntnisse der höheren Welten?*, Dornach 1992

Wachsmuth, Guenther: *Rudolf Steiners Erdenleben und Wirken*, Dornach 1951

Wistinghausen, Almar von: *Ernährung und Landwirtschaft*, Bad Liebenzell 1985

Wistinghausen, Almar von: *Wir haben es gewagt*, Frankfurt 2018

Der Autor

Peter Krause (*1957) studierte Kunst, Pädagogik, Theologie (1976–1980, 1988–1989) und Betriebswirtschaft (1997–1999). Heute arbeitet er als freier Journalist und Buchautor. Themenschwerpunkte sind Medizin, Ökonomie und das Schreiben von Biografien. Er ist autorisierter Biograf von Declan und Margrit Kennedy sowie von Bernard Lietaer. Er gehörte zu den Gründern der „Steinschleuder – Bewegung zur Bewegung" die als Initiative für Entwicklungszusammenarbeit zwischen 1992 und 2016 weltweit Projekte betreute.

Neben den beruflichen Interessen an ökologisch sinnvollen Wirtschafts- und Geldformen, interessiert Krause sich besonders für Formen sinnerfüllten Naturerlebens. Beides – eine vernünftige Ökonomie und die mitweltliche Ökologie – gehören für ihn zusammen.

Website: aktiv-zukunft-leben.de

Fachliche Beratung

© demeter nrw

Marcel Waldhausen (*1979) absolvierte zwischen 2001 und 2010 seine Ausbildungen zum Landwirt, Landmaschinenmechaniker und Maschinenbautechniker. Nach seiner Tätigkeit in verschiedenen Betrieben ist er seit 2019 Referent für Mitgliederbetreuung (Schwerpunkt Erzeugung) bei DEMETER im Westen. Daneben wirkt er als Autor von Fachaufsätzen, sowie als Dozent in Vorträgen und Workshops zu anthroposophischen Themen und zur biologisch-dynamischen Landwirtschaft, speziell zum Landwirtschaftlichen Kurs. Er ist zertifizierter Berater der „Biodynamic Federation – Demeter International".

Webseite: demeter-nrw.de

Der Fernkurs

Die weithin bekannte Demeter-Marke steht für hervorragende Qualität und Richtlinien, die aufgrund einhundertjähriger Praxis, Forschung und Erfahrung entwickelt und fortlaufend optimiert wurden. Viele Betriebe zur Erzeugung und Verarbeitung beliefern ausgewählte Handelspartner:innen im wachsenden Marktsegment für Bio-Lebensmittel. Aber was genau sind die Grundlagen der biologisch-dynamischen Wirtschaftsweise?

Unter den heutzutage bekannten verschiedenen Methoden der ökologischen Landwirtschaft ist die älteste die biologisch-dynamische. Von ihren vor einhundert Jahren im *Landwirtschaftlichen Kurs* vorgestellten Prinzipien finden sich mittlerweile viele in den Leitlinien verschiedener Bio-Verbände. Aber es gibt auch manches, was nach wie vor zum originellen Kernbestand gehört. So ist das zugrundeliegende Welt- und Menschenbild weiter gefasst, insofern kosmische Rhythmen in der landwirtschaftlichen Praxis berücksichtigt werden und die Rolle des Menschen im ganzheitlich verstandenen Zusammenhang der Natur besonders konnotiert wird. Auch solche Besonderheiten der biologisch-dynamischen Landwirtschaft beruhen auf ihren anthroposophischen Grundlagen.

Das vorliegende Buch ist das zweite von drei als Lernbücher konzipierte Bände, in denen diese Grundlagen, die ohne besondere Vorkenntnisse erarbeitet werden können, dargestellt. Wir wenden uns als Zielgruppe an Landwirte, Auszubildende, Student:innen, Verarbeiter:innen und Händler:innen, aber auch an interessierte Konsument:innen. *Zu-*

sätzlich bilden die Bücher die Grundlage für ein Fernkursprogramm, das bei freier Zeiteinteilung ein systematisches, vertieftes Kennenlernen ermöglicht.

Die Studienunterlagen werden den Teilnehmenden nach der Anmeldung zum Kurs digital zur Verfügung gestellt. Die Inhalte werden danach im begleiteten Selbststudium bearbeitet. Dazu gehören auch Einsendeaufgaben, die von erfahrenen Tutor:innen durchgesehen und kommentiert werden, bevor in einem direkten, fernmündlichen Gespräch oder in Kolloquien die Gelegenheit zur ausführlichen Diskussion geboten wird. Die Bearbeitungszeit für das gesamte Kursprogramm liegt bei insgesamt etwa 60 Stunden, die über ein Jahr verteilt werden können.

Übersicht zum Fernkursprogramm

Beginn	Es kann jederzeit begonnen werden
Dauer	12 Monate bei etwa fünf Stunden pro Woche
Verlängerung	Bis zu sechs weitere Monate (ohne Aufpreis)
Verkürzung	Der Kurs kann auch schneller absolviert werden (zum gleichen Preis)
Teilnahme-voraussetzungen	Keine
Studienmaterial	Drei Lernbücher; sechs Studienhefte (mit ergänzenden Texten und Einsendeaufgaben)
Studienbegleitung	Persönliche:r Tutor:in
Seminare	Teilnahme an unregelmäßig stattfindenden Kolloquien und Online-Seminaren
Abschluss	Die erfolgreiche Teilnahme wird bescheinigt
Preise und weitere Informationen	Im Internet unter biodyn-fernkurs.com

Band I zu dieser Reihe

Peter Krause

Anthroposophische Grundlagen der biologisch-dynamischen Landwirtschaft

Band I: Einführung in die Anthroposophie

Peter Krause

Anthroposophische Grundlagen der biologisch-dynamischen Landwirtschaft

Band I: Einführung in die Anthroposophie

Herausgegeben von Demeter NRW

Info3 Verlag, Frankfurt am Main, August 2022

160 Seiten, Broschur, **€ 20,00**

ISBN 978-3-95779-163-4

In diesem ersten von drei Bänden wird die Anthroposophie im Rahmen einer geistes- und kulturgeschichtlichen Überschau in Umrissen dargestellt und erste Grundkenntnisse vermittelt. Dabei geht es immer wieder um jene systemisch-ganzheitliche Sichtweise, die durch Rudolf Steiner als Kern der Anthroposophie entwickelt wurde. Eine Übersicht zur anthroposophischen Bewegung gewährt überdies Einblicke in verschiedene praktische Anwendungsfelder.

www.info3.de

Bücher aus dem Info3 Verlag

Eine Auswahl

Wolfgang Müller

Zumutung Anthroposophie

Rudolf Steiners Bedeutung für die Gegenwart

3. Auflage 2022, 192 Seiten, Klappenbroschur,

€ 14,90

ISBN 978-3-95779-143-6

(auch als eBook erhältlich)

Die Anthroposophie mutet dem Menschen viel zu. Aber sie traut ihm auch viel zu: die Fähigkeit zu einer tieferen Entwicklung seiner verborgenen Anlagen; und die Fähigkeit zu einer freien, bewussten Gestaltung einer menschlicheren Welt.

Dieses Buch will im Aufgreifen von Kritik an Steiner zeigen, wie es sich bei der Anthroposophie um einen Ansatz handelt, der tatsächlich für die naturwissenschaftlich geprägte Gegenwart zunächst schwer zugänglich ist. Der Anspruch, eine elementar neue und geistig vertiefte Interpretation der Dinge zu entwickeln, erscheint als Zumutung, die gleichwohl unvermeidlich ist, wenn sich am krisenhaften Zustand unserer Welt etwas grundlegend ändern soll.

www.info3.de

Mathias Wais

Ach du liebe Anthroposophie

Briefe an eine Freundin

1. Auflage 2020, 124 Seiten, Klappenbroschur

€ 12,90

ISBN 978-3-95779-131-3

(auch als eBook erhältlich)

Ach Du liebe Anthroposophie – mit dieser herzlichen Anrede beginnt Mathias Wais seine Briefe an die verehrte Freundin Anthroposophie – mal kritisch hinterfragend, mal anregend, aber immer verbindlich. Denn der humorvoll anmutende Rahmen eines direkten Austauschs mit dem Wesen Anthroposophie hat einen ernsten Hintergrund: die Sorge um den Zustand eines geistigen Impulses, der heute nach Erneuerung verlangt.

Ein besinnlich-heiterer Versuch, zur nötigen Entwicklung der Anthroposophie anzuregen, der weitere Diskussionen auslösen möchte.

www.info3.de

Diese Publikation wurde dankenswerterweise unterstützt von der Zukunftsstiftung Landwirtschaft in der GLS Treuhand e.V., Bochum, der Mahle Stiftung GmbH, Stuttgart, sowie der Firma Voelkel GmbH, Höhbeck.

Herausgeber: Demeter NRW
Alfred-Herrhausen-Str. 44, 58455 Witten
Tel: 02302-91 52 18, info@demeter-nrw.de
www.demeter-nrw.de

Info3 Verlag
Kirchgartenstr. 1, 60439 Frankfurt
Tel. 069-58 46 47, vertrieb@info3.de
www.info3.de